Fl Futuro como Origen

Papeles de Trabajo

Agustin V. Startari

Published by LEFORTUNE, 2026.

FL FUTURO COMO ORIGEN

First edition. September 1, 2026.

ISBN: 979-8235546820

Written by Agustin V. Startari.

Tabla de Contenido

El Futuro como Origen: hacia el Núcleo del Ser propone una relectura radical de las dinámicas fundamentales del universo. En este libro, **Agustin V. Startari** desarrolla, con rigor científico y formalismo matemático, una teoría innovadora: que el espacio, el tiempo, la materia y la conciencia no evolucionan desde un pasado fijo, sino que convergen hacia un núcleo de coherencia futura aún no plenamente manifestado.

Basado en principios de retrocoherencia estructural, atractores proyectivos y métricas inversas del espaciotiempo, esta obra integra relatividad general, mecánica cuántica, termodinámica no lineal y dinámica de sistemas complejos en un marco único, falsable y matemáticamente modelizable.

Lejos de la especulación gratuita, El Futuro como Origen ofrece al lector herramientas teóricas, simulaciones posibles y propuestas experimentales que abren un nuevo campo de investigación: el estudio del universo no como despliegue del pasado, sino como resonancia activa de su forma futura.

Esta obra constituye una invitación seria a imaginar, modelar y verificar nuevas formas de comprender la realidad, basadas no en la mera extrapolación histórica, sino en la construcción científica de la coherencia futura.

Prólogo

La cosmología contemporánea ha logrado avances extraordinarios al describir el universo mediante modelos matemáticos de expansión, entropía y materia oscura. Sin embargo, su poder explicativo se ha vuelto paradójicamente su límite. Al restringirse a una causalidad lineal —pasado que origina presente— y a una visión exclusivamente externa de la realidad, ha omitido una posibilidad que, aunque radical, se presenta con creciente urgencia: que el universo se esté expandiendo no hacia afuera, sino hacia adentro, y que no sea el pasado el que determine el presente, sino el futuro el que lo organiza.

Este libro propone una cosmología especulativa pero rigurosa, sustentada en tres postulados fundamentales:

1. La expansión del universo no es espacial, sino estructural y conciencial. No nos alejamos del centro, sino que nos replegamos hacia una densidad creciente de información y significado.
2. La conciencia humana es una anomalía evolutiva: una fase crítica que interrumpe momentáneamente la coherencia ecosistémica del cosmos, y que será, por necesidad, transmutada.
3. El futuro no es una consecuencia, sino una causa: existe un arquetipo organizador hacia el cual todo converge —una especie de atractor ontológico que estructura el presente desde lo aún no manifiesto.

Estos postulados nos exigen una matemática simbólica y relacional, más cercana a la lógica de sistemas complejos que a la mecánica clásica. A continuación, presentamos las ecuaciones conceptuales que guiarán esta cosmología:

I. Implosión estructural del universo:

$$E(t) = \sum_{i=1}^{n} \frac{C_i}{L_i}$$

DONDE E(T) REPRESENTA la entropía de complejidad en el tiempo, �� los niveles de conciencia emergente, y �� la longitud o escala de replegamiento estructural. A menor longitud —esto es, mayor interiorización o resonancia—, mayor es la complejidad del sistema.

II. La conciencia como anomalía:

$$A = \left(\frac{R^2}{C}\right) - H$$

AQUÍ, � REPRESENTA el grado de anomalía consciente; �, el ritmo de separación respecto al entorno (individualismo, disonancia simbólica); �, la coherencia ecosistémica; y �, el índice de homeostasis universal.

Cuando el ritmo de separación crece más rápido que la capacidad de integración, la conciencia se convierte en una disrupción funcional del proceso universal.

III. El futuro como origen del presente:

$$P(t) = F - \int_0^t D(x)\,dx$$

ESTA FÓRMULA DEFINE el presente como función del arquetipo futuro (�) menos la suma de las disonancias (�) que aún deben resolverse en el trayecto del tiempo. El tiempo, por tanto, no es una sucesión de causas pasadas, sino una curva de aproximación hacia una estructura final que actúa como guía.

Aplicaciones posibles

Estas ecuaciones, aunque conceptuales, permiten abrir modelos aplicables a tres niveles:

- **Físico-cosmológico:** para reinterpretar la expansión, el tiempo y la materia no como hechos aislados sino como emergencias **correlacionadas** desde un patrón final.
- **Psicológico-conciencial:** para repensar la función de la mente humana como **transición** entre la anomalía y la resonancia.
- **Cultural-ético:** para imaginar formas de organización social basadas no en el pasado común, sino en una visión compartida del fin.

Este libro no pretende competir con la cosmología dominante. Más bien, quiere complementarla, o incluso trascenderla como lenguaje. Donde la física llega al borde del sentido, entra aquí una forma de especulación responsable: aquella que reconoce que el universo no solo es, sino también deviene algo. Y que ese devenir, lejos de ser aleatorio, responde a una lógica profunda que solo ahora comenzamos a intuir.

En el campo de las ciencias físicas, rara vez una idea verdaderamente nueva cuestiona no solo las premisas establecidas, sino la estructura misma de lo real. Este libro parte de una hipótesis radical, tanto por su profundidad conceptual como por su osadía teórica: el universo no se expande hacia los bordes del espacio, sino hacia el fondo estructural de una forma aún no manifestada. Y más aún: el presente no es producto del pasado, sino eco resonante de un futuro que actúa como organizador arquetípico de la realidad.

La física, desde sus inicios, se ha apoyado en la noción de causalidad como principio rector del devenir. De Newton a Einstein, de la termodinámica al modelo cosmológico ΛCDM, los efectos han sido pensados como consecuencia de causas pasadas. Incluso en la mecánica cuántica, donde el determinismo clásico es reemplazado por probabilidades y funciones de onda, la línea temporal continúa fluyendo en una única dirección: del pasado hacia el futuro. Las excepciones, como el formalismo de dos vectores propuesto por Aharonov y colaboradores en 1964, o la teoría del tiempo bloque, han sido marginalizadas o tratadas como curiosidades matemáticas sin poder organizador sobre la cosmología en su conjunto.

Este paradigma ha limitado nuestra capacidad de pensar el tiempo en su profundidad estructural. Si asumimos que el tiempo puede tener bidireccionalidad efectiva, como sugieren algunos experimentos cuánticos y formulaciones teóricas, entonces también debemos contemplar que el futuro tenga la capacidad no solo de condicionar, sino de organizar el presente. Desde la física de sistemas no lineales y complejos sabemos que el orden puede emerger sin estar predeterminado en las condiciones iniciales, sino que surge como consecuencia de la interacción interna entre componentes dinámicos. A estos patrones recurrentes y organizadores se los denomina atractores, y su estudio ha revelado que los sistemas pueden tender hacia ellos incluso si el camino hasta alcanzarlos es caótico. Este comportamiento es observable tanto en sistemas biológicos como en configuraciones físicas de alta energía.

En cosmología, esta lógica ha comenzado a manifestarse tímidamente en propuestas como la cosmología cíclica conforme de Roger Penrose, en la que los estados finales del universo podrían operar como estructuras organizativas retroactivas de la evolución cósmica. Este libro va un paso más allá: propone que tales estados futuros no solo organizan el devenir, sino que constituyen el núcleo hacia el cual colapsa toda la estructura del universo. No estamos presenciando una expansión infinita hacia el vacío, sino una implosión estructural hacia una forma coherente, aún no plenamente actualizada, pero ya eficaz. Un núcleo de mínima entropía y máxima simetría cuya influencia actúa como causa formal final.

¿Por qué esta visión no ha sido formulada antes? Porque la ciencia ha operado históricamente bajo un sesgo metodológico hacia la temporalidad unidireccional y la exclusión de todo lo que huela a teleología. La idea de destino ha sido descartada como resabio metafísico o religioso. Sin embargo, cuando la teleología se redefine no como finalidad consciente, sino como estructura emergente desde el futuro, su exclusión deja de ser científica y pasa a ser ideológica. Este libro recupera la posibilidad de una teleología física, fundada en atractores dinámicos, en condiciones de frontera futuras y en la emergencia de coherencia estructural. No se trata de un regreso a ideas precientíficas, sino de una relectura rigurosa desde los descubrimientos de la física contemporánea.

En este marco, la conciencia humana aparece no como el pináculo del proceso evolutivo, sino como una anomalía simbólica y narrativa en el tejido del tiempo. Su tendencia al caos, a la ruptura con la coherencia estructural, sugiere que no es un fin, sino una transición. Lo humano, en tanto fenómeno psico-temporal, estaría destinado a ser trascendido por formas de conciencia más resonantes, intuitivas y alineadas con la totalidad estructural del universo. Esta hipótesis no es espiritualista: es estructural, física, dinámica.

No proponemos una expansión hacia el infinito, sino una contracción hacia lo esencial. El universo, como totalidad, no se despliega hacia un futuro vacío, sino que se pliega sobre una forma interna: un núcleo arquetípico que actúa como causa final en el sentido aristotélico, pero con lenguaje matemático, físico y verificable. Este núcleo puede formalizarse mediante herramientas de la física contemporánea: atractores en espacios de fase, retroalimentación negativa con inversión temporal, condiciones de contorno futuras en sistemas cuánticos, funciones de coherencia proyectadas hacia estados organizadores de mínima entropía.

Esta teoría no es una especulación mística ni un acto de fe. Es una propuesta ontológica basada en la convergencia de la retrocausalidad cuántica, la emergencia estructural de la coherencia en sistemas complejos y la anomalía de la conciencia como fenómeno transitorio. Aquí no hay una narrativa cerrada, sino una apertura: una invitación a pensar lo real desde otro lugar, desde otro tiempo. El futuro, ese que aún no es, ya está moldeando lo que somos. Este no es solo un libro. Es un experimento teórico. Es un horizonte. Es, en sí mismo, un eco del origen.

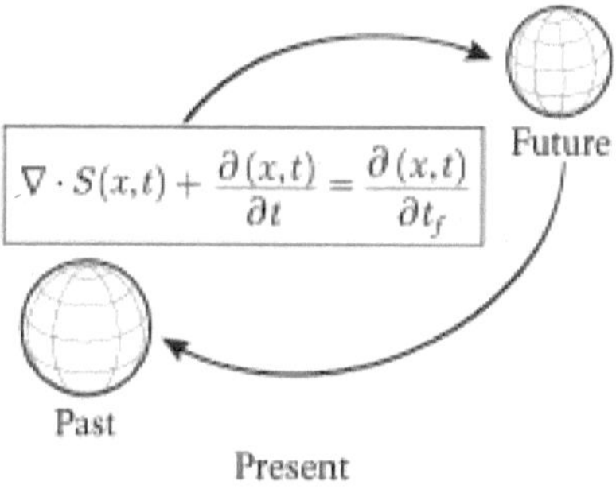

Figura 1. Representación conceptual de la dinámica de implosión estructural del universo hacia un núcleo de alta coherencia proyectiva. Cada trayectoria refleja el plegamiento de sistemas físicos, biológicos y cognitivos bajo la influencia organizadora del atracto

PRIMERA PARTE

FUNDAMENTOS DEL DESPLAZAMIENTO TEMPORAL

1. El Tiempo al Revés: Cuando el Futuro Determina el Presente

La física no dispone de ningún resultado experimental que exija que el tiempo transcurra en una sola dirección. Sus ecuaciones fundamentales —newtonianas, relativistas, cuánticas— son simétricas bajo inversión temporal, y la asimetría que experimentamos se introduce después, mediante argumentos estadísticos sobre las condiciones iniciales, no mediante una ley dinámica. La flecha del tiempo no es, por tanto, un descubrimiento acerca de la naturaleza, sino una inferencia acerca de cómo la naturaleza comenzó. Esa inferencia es defendible, y además no es la única disponible.

Este capítulo examina qué se sigue si la asimetría se reubica en lugar de eliminarse. Supongamos que la condición de contorno que organiza la evolución física se impone no solo al principio, sino también al final: que una configuración final de coherencia máxima restringe las trayectorias disponibles para el presente. Nada en el formalismo lo prohíbe, y varios resultados consolidados de la mecánica cuántica exigen ya condiciones de contorno en ambos extremos de un intervalo para poder enunciarse de manera coherente.

El argumento avanza en cuatro movimientos. La sección 1.1 localiza la fisura en la flecha del tiempo convencional. La sección 1.2 recorre los modelos de tiempo inverso desde la antigüedad hasta la física contemporánea, y establece que la idea no es nueva ni marginal. La sección 1.3 introduce el atractor como principio organizador. La sección 1.4 reúne las relecturas provenientes de la física teórica —sistemas no lineales, cosmología, teleología cuántica— que permiten enunciar una teleología física y no metafísica.

1.1 Introducción: la fisura en la flecha del tiempo

La noción de tiempo ha sido una de las más discutidas, redefinidas y problematizadas de la historia del pensamiento humano. Desde las concepciones míticas del eterno retorno hasta las formulaciones contemporáneas en física teórica, el tiempo ha oscilado entre ser una entidad objetiva y una ilusión perceptiva. En la ciencia moderna, ha predominado la idea de una flecha unidireccional, postulada desde la segunda ley de la termodinámica, donde la entropía en sistemas cerrados tiende a aumentar, definiendo así una dirección temporal (CFR: Boltzmann, 1877, p. 73). Esta flecha ha cimentado no solo nuestras leyes físicas, sino también nuestras categorías cognitivas, instituciones sociales y narrativas históricas. Pero las grietas conceptuales comenzaron a mostrarse ya a principios del siglo XX. Hermann Minkowski, en su formulación tetradimensional del espaciotiempo, propuso que el tiempo es una dimensión más, coexistente con el espacio, y que el universo podría concebirse como un bloque estático donde el pasado, presente y futuro coexisten (CFR: Minkowski, 1908, p. 77). Este modelo de bloque fue radicalizado por Julian Barbour, quien niega la existencia del tiempo como entidad fundamental y postula que lo que experimentamos como tiempo es solo una secuencia de «ahoras» —configuraciones estáticas del universo denominadas time capsules— sin un flujo real entre ellas (CFR: Barbour, 1999, p. 125).

La física cuántica añade aún más complejidad: la paradoja EPR y los experimentos que verifican el teorema de Bell muestran que las partículas entrelazadas presentan correlaciones que no pueden explicarse por medios locales ni causales. Esto ha sido interpretado por algunos, como Huw Price, como una evidencia de que las leyes fundamentales podrían ser simétricas en el tiempo, permitiendo fenómenos retrocausales en los que efectos preceden a sus causas en ciertas condiciones (CFR: Price, 1996, p. 153; Aspect et al., 1982).

Desde una perspectiva más termodinámica, Ilya Prigogine propuso que el tiempo no es una ilusión estática sino una propiedad emergente en sistemas disipativos, donde la entropía crea orden mediante flujos irreversibles. Su trabajo sugiere que el tiempo mismo puede ser una expresión del desequilibrio (CFR: Prigogine, 1997, p. 42). La gravedad cuántica añade aún otro nivel: según Carlo Rovelli, en su teoría de la gravedad cuántica de bucles, el tiempo desaparece en la descripción fundamental del universo. No hay una variable tiempo en las ecuaciones fundamentales, lo cual sugiere que el tiempo es una propiedad estadística de ciertos estados cuánticos de la materia (CFR: Rovelli, 2018, p. 203).

Finalmente, Sean Carroll, desde la cosmología moderna, ha propuesto que lo que experimentamos como tiempo puede emerger de condiciones iniciales de entropía extremadamente baja en nuestro universo local, lo que podría explicar la aparición de una flecha temporal en un universo que es, en sí mismo, atemporal (CFR: Carroll, 2010, p. 232).

Esta nueva formulación conceptual abre la posibilidad de que el futuro no solo sea una consecuencia del pasado, sino también una fuerza organizadora y atractora del presente, articulando así una teoría donde el tiempo actúa no en línea recta, sino en bucles de información, estructuras disipativas complejas y correlaciones no locales. En esta visión, el futuro no es una extensión de la causa, sino su fundamento. Esta inversión ontológica no niega el pasado, sino que lo reconfigura como efecto, no como causa.

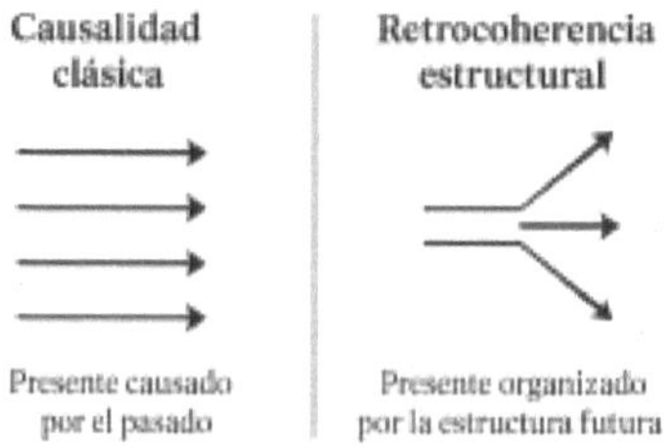
Causalidad clásica
Retrocoherencia estructural
Presente causado por el pasado
Presente organizado por la estructura futura

Figura 2 Comparación entre la causalidad clásica (presente determinado por condiciones iniciales pasadas) y la retrocoherencia estructural (presente organizado por condiciones de contorno futuras proyectadas).

1.2 Modelos de tiempo inverso: del pensamiento antiguo a la física contemporánea.

El concepto de un tiempo que fluye en una dirección —como una flecha unidireccional— ha sido la base de gran parte de nuestra comprensión del cosmos, desde las antiguas civilizaciones hasta la física moderna. Sin embargo, a lo largo de la historia, han surgido modelos alternativos que sugieren la posibilidad de un tiempo no unidireccional o incluso inverso, en los que el futuro no es solo un resultado del pasado, sino que podría también influir y estructurar el presente. Estos modelos no solo se han explorado en la filosofía y la cosmología, sino también en las ciencias más contemporáneas, como la física cuántica y la teoría de la relatividad.

1.2.1 Modelos del tiempo en la antigüedad

En las antiguas culturas y filosofías del mundo, la concepción del tiempo se alejaba significativamente del paradigma lineal y causal que dominaría en la ciencia moderna. Antes de la formalización del tiempo como una magnitud medible y objetiva, las civilizaciones pre-científicas percibían el tiempo de manera cíclica, simbólica o incluso atemporal, articulando visiones que implicaban una relación profunda entre el cosmos, la vida humana y lo sagrado.

Uno de los ejemplos más emblemáticos de una visión cíclica del tiempo se encuentra en la tradición hindú, donde el universo es concebido como una sucesión infinita de ciclos de creación, preservación y destrucción. Estos ciclos, denominados Yugas, se organizan en una estructura mayor conocida como el Mahāyuga, que a su vez forma parte de los Kalpas, vastas eras cósmicas que constituyen la respiración del dios Brahmā. Cada Mahāyuga dura 4.32 millones de años e incluye cuatro fases: Satya Yuga, Treta Yuga, Dvapara Yuga y Kali Yuga (CFR: Bhagavad Gītā, 5.29; Vishnu Purāṇa, I.3). En esta cosmología, el tiempo no tiene un inicio ni un fin absolutos, sino que es una rueda eterna de devenir, profundamente integrada con la moralidad, la espiritualidad y el orden cósmico.

Una visión similar se encuentra en la cosmología mesoamericana, particularmente en las culturas maya y azteca, donde el tiempo también era cíclico y ritualizado. El calendario maya, por ejemplo, articula múltiples ciclos interconectados —como el Tzolk'in (260 días) y el Haab' (365 días)— que determinaban tanto los acontecimientos cósmicos como las acciones humanas. La cuenta larga maya describe un ciclo de aproximadamente 5,125 años, y su reinicio no implicaba una «terminación» del tiempo, sino una renovación del orden cósmico (CFR: Coe, 2015, p. 144).

En la filosofía griega antigua, encontramos concepciones más variadas. Mientras que Heráclito de Éfeso (ca. 500 a.C.) es célebre por su énfasis en el cambio constante —"nadie se baña dos veces en el mismo río"—, su cosmología también reconoce la recurrencia: el mundo, según él, se consume y renace eternamente en fuego, de acuerdo con un Logos o razón cósmica universal (CFR: Heráclito, Fragmentos, B30, B90). Esta visión implica un tiempo que es simultáneamente fluido y estructurado, guiado por una ley interna que impone cierta regularidad en el cambio.

Por contraste, Parménides de Elea, también presocrático y contemporáneo de Heráclito, sostuvo una visión diametralmente opuesta: en su poema Sobre la naturaleza, argumenta que el cambio y el devenir son meras ilusiones sensoriales. Para Parménides, la realidad verdadera —el Ser— es única, eterna, inmóvil e indivisible. En este contexto, el tiempo mismo es considerado una apariencia engañosa, y la atemporalidad del Ser introduce una visión radicalmente distinta, en la cual la noción misma de tiempo queda suspendida (CFR: Parménides, Fragmento 8, Diels-Kranz, B8.1-61). Esta idea será posteriormente recogida y elaborada por Platón, quien en el Timeo diferencia entre el mundo sensible —gobernado por el devenir y por tanto por el tiempo— y el mundo inteligible, eterno y fuera del tiempo, donde residen las formas perfectas (CFR: Platón, Timeo, 37d-38d). El tiempo, según Platón, es una imagen móvil de la eternidad que fue creada por el demiurgo como una medida de los movimientos de los cuerpos celestes.

En la tradición estoica, se articula una visión determinista y cíclica del universo, en la cual el cosmos pasa por ekpyrosis, una conflagración periódica que destruye el mundo, seguido por una regeneración completa (palingenesia). Este eterno retorno del universo implica también un eterno retorno de los mismos eventos y personas, lo cual condiciona una concepción del tiempo como eternamente repetitivo (CFR: Crisipo, fragmentos en Diógenes Laercio, Vidas y opiniones, VII.134).

La teología judía y, posteriormente, la cristiana, introducirán una ruptura importante en esta visión cíclica: el tiempo se vuelve lineal, progresivo, con un inicio absoluto (la Creación) y un fin teleológico (el Juicio Final). Este cambio fue crucial en la configuración del pensamiento occidental, ya que estableció un tiempo orientado hacia un propósito, lo cual sentó las bases para el tiempo histórico y escatológico de la modernidad (CFR: San Agustín, Confesiones, XI.13-14).

En conjunto, los modelos del tiempo en la antigüedad muestran una profunda diversidad conceptual. Desde lo cíclico y lo ritual hasta lo ilusorio o teleológico, el tiempo fue interpretado a través de lentes metafísicas, religiosas y cosmológicas que se distancian marcadamente del tiempo como dimensión geométrica y cuantificable que dominaría en la física clásica y moderna. Estas visiones antiguas no solo ofrecen una rica pluralidad de interpretaciones, sino que también anticipan —en formas rudimentarias o filosóficas— muchas de las ideas que hoy resurgen en el contexto de la física contemporánea y la cosmología cuántica.

1.2.2 La flecha del tiempo en la física clásica

La consolidación del modelo de tiempo lineal comenzó en la física clásica, particularmente con la formulación de las leyes de la termodinámica. El principio de causalidad, derivado de la segunda ley de la termodinámica, establece que en cualquier proceso que ocurra en un sistema cerrado, la entropía —una medida del desorden o la distribución de la energía— siempre aumenta con el tiempo. Este aumento de la entropía impone una dirección clara al flujo del tiempo, lo que se ha denominado «flecha del tiempo»: un tiempo que avanza en una sola dirección, del pasado, donde el sistema está más ordenado, hacia el futuro, donde el sistema es cada vez más desordenado. Este principio fue formulado de manera matemática por Ludwig Boltzmann en el siglo XIX, quien desarrolló una relación entre la entropía de un sistema y la probabilidad de su configuración, demostrando que en sistemas macroscópicos, los estados más probables son aquellos con mayor entropía (CFR: Boltzmann, 1877, p. 73). Este aumento de la entropía está relacionado con la irreversibilidad de los procesos naturales, lo que genera una sensación de que el tiempo avanza de manera irreversible, desde un estado de menor entropía hacia uno de mayor entropía. Por ejemplo, un huevo roto nunca se «repara» por sí mismo, lo que ilustra cómo un sistema tiende a aumentar su desorden de manera natural. En términos microscópicos, la alta entropía corresponde a una mayor dispersión de las partículas dentro del sistema, lo que significa que es muy improbable que las partículas se agrupen nuevamente en una configuración ordenada, lo que muestra que el tiempo no puede «deshacer» lo que ha sucedido (CFR: Penrose, 2004, p. 85).

La teoría de la relatividad general de Albert Einstein, formulada en 1915, introdujo una nueva concepción del tiempo, vinculándolo de manera intrínseca con el espacio en una estructura cuatridimensional conocida como el espaciotiempo. Según esta teoría, el tiempo no es una constante universal e independiente, sino que se curva y distorsiona en presencia de masas gravitacionales. Esta idea fue ilustrada de manera famosa por Einstein en su famoso experimento mental sobre un observador en caída libre y otro en reposo. El espaciotiempo se deforma cuando se encuentra cerca de una masa muy grande, como un planeta o una estrella, afectando la percepción del tiempo de los observadores en diferentes puntos del espaciotiempo. Este fenómeno se conoce como dilatación temporal gravitacional, y se demuestra en experimentos de precisión con relojes atómicos: los relojes ubicados más cerca de un campo gravitacional fuerte, como el de la Tierra, corren más lentamente que aquellos situados a mayor distancia (CFR: Einstein, 1915, p. 109). Un ejemplo famoso de esto es el paradoja de los gemelos: si uno de los gemelos viaja a una velocidad cercana a la de la luz y luego regresa a la Tierra, experimentará menos paso del tiempo que su gemelo que se quedó en la Tierra, lo que indica que el tiempo no es homogéneo y absoluto, sino que depende de la velocidad y la gravedad a la que está sometido el observador. Esta predicción fue confirmada experimentalmente mediante relojes atómicos colocados en aviones de alta velocidad (CFR: Hafele y Keating, 1972, p. 1081).

A pesar de que la relatividad no modifica la idea básica de que el tiempo fluye en una dirección —de un pasado hacia un futuro—, sí ofrece nuevas perspectivas sobre cómo el tiempo puede ser percibido de manera diferente dependiendo de la geometría del espaciotiempo. Este concepto es crucial para la comprensión de fenómenos como los agujeros negros. La teoría de la relatividad general predice que en la cercanía de un agujero negro, la gravedad es tan intensa que distorsiona el tiempo de tal manera que, para un observador externo, el tiempo cerca del agujero negro parece dilatarse enormemente. Esto lleva a una asimetría temporal que refleja el papel activo de la curvatura del espaciotiempo en la percepción del paso del tiempo. Un ejemplo experimental de la dilatación temporal cerca de objetos masivos es el estudio de la radiación cósmica de fondo (CFR: Penzias y Wilson, 1965), que proporciona evidencia indirecta sobre cómo las regiones del espaciotiempo con diferentes niveles de gravedad afectan la propagación de las ondas electromagnéticas y, por lo tanto, nuestra percepción del tiempo.

En resumen, mientras que la segunda ley de la termodinámica otorga una flecha unidireccional al tiempo basada en el aumento de la entropía, la relatividad general introduce una visión en la que el tiempo se curva y se distorsiona dependiendo de las condiciones de espacio y gravedad. Sin embargo, ambas teorías mantienen la idea de que el tiempo avanza en una dirección desde un pasado ordenado hacia un futuro desordenado, y si bien la relatividad general amplía nuestra comprensión de la naturaleza del tiempo, no cambia su concepto fundamental como un flujo continuo hacia el futuro.

1.2.3 La mecánica cuántica y la retrocausalidad

Con el advenimiento de la mecánica cuántica a principios del siglo XX, la noción de un tiempo estrictamente unidireccional comenzó a ser puesta en duda, ya que las nuevas observaciones experimentales revelaban que las leyes del universo a escalas subatómicas no seguían las mismas reglas que las de la física clásica. El estudio de los sistemas cuánticos y las propiedades de las partículas subatómicas reveló fenómenos que desafiaban el entendimiento convencional del tiempo, particularmente con la famosa paradoja EPR formulada por Einstein, Podolsky y Rosen en 1935. Esta paradoja fue diseñada para poner a prueba la completitud de la mecánica cuántica, sugiriendo que si la teoría era completa, entonces debía existir una forma de «acción a distancia», lo que desafiaba la idea de que las interacciones en el universo son siempre locales. Según la paradoja EPR, bajo ciertas condiciones, las partículas pueden estar entrelazadas de tal manera que el estado de una partícula afecta instantáneamente el estado de otra, incluso si están separadas por vastas distancias, sin que se haya enviado una señal física de un lado al otro (CFR: Einstein, Podolsky, Rosen, 1935, p. 777). Este fenómeno, conocido como entrelazamiento cuántico, es uno de los fenómenos más desconcertantes de la física moderna.

El entrelazamiento cuántico sugiere que las propiedades de dos partículas entrelazadas no pueden describirse independientemente de las propiedades de la otra, incluso si están separadas por distancias espaciales extremadamente grandes. Esto desafía la noción clásica de localidad, que afirma que las interacciones físicas sólo pueden ocurrir en el mismo lugar o a través de una señal propagada a través de algún medio. En lugar de observar una secuencia de causa y efecto en función de las distancias espaciales, la mecánica cuántica indica que, en algunos casos, el tiempo y el espacio pueden no ser los factores determinantes en cómo los eventos están relacionados. En la práctica, este fenómeno ha sido demostrado experimentalmente a través de numerosos experimentos, siendo uno de los más relevantes los experimentos realizados por Alain Aspect y su equipo en la década de 1980. Aspect y su equipo llevaron a cabo una serie de experimentos de violación de las desigualdades de Bell, un conjunto de restricciones matemáticas formuladas por John Bell en 1964. Bell demostró que, bajo los supuestos de realismo local, ciertas correlaciones entre partículas entrelazadas no deberían ser posibles. Sin embargo, los resultados experimentales de Aspect confirmaron que la naturaleza violaba estas desigualdades, lo que implicaba que las predicciones de la mecánica cuántica —que permiten correlaciones no locales— eran correctas y que los fenómenos cuánticos no podían explicarse dentro de un marco clásico de causalidad local (CFR: Bell, 1964, p. 199; Aspect et al., 1982). Este hallazgo tiene profundas implicaciones para nuestra comprensión del tiempo y la causalidad. Mientras que en la física clásica y en la relatividad general, el tiempo es visto como una variable continua que avanza de forma unidireccional desde el pasado hacia el futuro, en la mecánica cuántica el concepto de causalidad se vuelve mucho más difuso. El hecho de que dos partículas entrelazadas puedan interactuar instantáneamente sin importar la distancia entre ellas plantea la posibilidad de una causalidad no-local, que es independiente de la velocidad de propagación de la información o la señal física, y que puede ocurrir en un «tiempo» que desafía las normas tradicionales de la causalidad clásica.

Uno de los marcos más debatidos en este contexto es la idea de retrocausalidad. Si bien los experimentos de Aspect demostraron que las correlaciones entre partículas entrelazadas violan las expectativas clásicas de causalidad, algunos teóricos han sugerido que este fenómeno podría implicar que los efectos puedan preceder a sus causas, especialmente en el ámbito cuántico. Según esta idea, los efectos observados en el presente podrían en realidad ser el resultado de condiciones futuras que influyen en las partículas del pasado. Esto podría sugerir que el tiempo, en el nivel cuántico, no solo fluye de manera lineal, sino que podría ser un proceso más dinámico e inversible bajo ciertas condiciones. Algunos modelos recientes de la mecánica cuántica, como el trabajo de Richard Feynman con la integración de caminos, también han sugerido que las partículas pueden retroceder en el tiempo de manera probabilística, aunque esta interpretación sigue siendo un tema de debate entre los físicos (CFR: Feynman, 1948). Este desafío a la causalidad tradicional ha generado un renovado interés en los modelos de tiempo no lineales y en cómo el concepto de retrocausalidad podría ser compatible con los resultados experimentales observados. De esta manera, la física cuántica no solo pone en duda la estructura del tiempo en el mundo subatómico, sino que también abre nuevas avenidas de investigación sobre cómo el tiempo podría comportarse de maneras inesperadas y hasta ahora inexploradas, en un contexto donde el futuro podría influir en el presente.

1.2.4 El tiempo bloque y la retrocausalidad

En la física contemporánea, ha surgido una propuesta radical que desafía la visión convencional del tiempo como un flujo continuo: el concepto del «tiempo bloque» (block universe). Este modelo, también conocido como eternalismo, sostiene que el pasado, el presente y el futuro existen simultáneamente como partes igualmente reales de una estructura tetradimensional del universo. En lugar de fluir, el tiempo sería una dimensión fija del espaciotiempo, en la que todos los eventos están ya determinados y simplemente coexisten en una topología estática. Esta noción se basa en una interpretación literal de la teoría de la relatividad especial de Einstein, que no privilegia ningún «ahora» universal, y donde diferentes observadores pueden tener diferentes cortes temporales del universo dependiendo de su velocidad y posición (CFR: Einstein, 1905, p. 890).

Uno de los más destacados defensores contemporáneos de esta visión es el físico y filósofo británico Julian Barbour, quien en su obra The End of Time (1999) argumenta que el tiempo no existe como una dimensión fundamental de la realidad. Según Barbour, lo que llamamos «tiempo» es una ilusión emergente de la sucesión de configuraciones estáticas del universo, que él denomina «ahoras» o «instantes platónicos». En su modelo, cada una de estas configuraciones representa un universo completo y autosuficiente, y el sentido de continuidad o cambio que experimentamos es una ilusión generada por la estructura interna de estos «ahoras», que contienen registros o memorias de otros instantes (CFR: Barbour, 1999, p. 125). Así, desde esta perspectiva, la experiencia del fluir del tiempo es subjetiva y no una característica objetiva del universo físico. Este modelo ha ganado cierta tracción en contextos donde la relatividad general y la gravedad cuántica imponen dificultades para una descripción dinámica del universo. En particular, en enfoques como la gravedad cuántica de bucles y la cosmología cuántica, donde el tiempo desaparece de las ecuaciones fundamentales (como en el caso del famoso problema del tiempo en la ecuación de Wheeler-DeWitt), la noción de un universo atemporal parece ofrecer una solución coherente (CFR: Rovelli, 2004, p. 210).

Por otro lado, y en una línea paralela pero compatible en ciertos contextos, la retrocausalidad ha emergido como un área de creciente interés tanto en la física cuántica como en la filosofía de la ciencia. La retrocausalidad propone que los efectos pueden, en ciertas condiciones, preceder a sus causas en el tiempo, lo que desafía directamente el principio clásico de causalidad lineal. Este modelo ha sido particularmente atractivo como forma de interpretar los fenómenos del entrelazamiento cuántico y los experimentos de elección retardada, como los propuestos por John Wheeler. En estos experimentos, decisiones tomadas en el presente parecen influir en eventos ocurridos en el pasado, sugiriendo una influencia «hacia atrás en el tiempo» (CFR: Wheeler, 1984, p. 182). El filósofo de la ciencia Huw Price, en su influyente libro Time's Arrow and Archimedes' Point (1996), defiende que la simetría temporal de las leyes físicas fundamentales permite —y quizás requiere— una visión retrocausal. Price argumenta que la asimetría temporal de nuestra experiencia se debe más a condiciones iniciales específicas del universo (como el bajo nivel de entropía del Big Bang) que a las leyes fundamentales mismas. En su interpretación, una visión simétrica del tiempo, donde el futuro influye en el pasado tanto como el pasado en el futuro, permitiría una reconciliación más completa entre la mecánica cuántica y la relatividad (CFR: Price, 1996, p. 153). La retrocausalidad se ha explorado teóricamente en modelos como la interpretación de dos estados vectoriales de Yakir Aharonov, que propone que el estado de una partícula está determinado no solo por las condiciones iniciales (pasado), sino también por condiciones finales (futuro), una formulación que introduce una verdadera bidireccionalidad causal en el tiempo cuántico (CFR: Aharonov et al., 1964, p. 1401). Aunque esta idea sigue siendo controversial, ha sido tomada en serio en contextos donde la causalidad clásica ya no puede explicar adecuadamente los resultados experimentales.

En conjunto, tanto la idea del tiempo bloque como la retrocausalidad apuntan a una reestructuración profunda de nuestra comprensión del tiempo. Si el tiempo no es un flujo, y si el futuro puede, en ciertas condiciones, ejercer influencia sobre el presente, entonces los fundamentos mismos de la física, la cosmología y la filosofía de la mente requieren revisión. En este sentido, el tiempo no sería un vector de cambio, sino un campo de relaciones, donde el pasado y el futuro coexisten, y lo que cambia no es el universo en sí, sino nuestra perspectiva sobre él.

1.3 El atractor como principio organizador

En el estudio de los sistemas dinámicos —es decir, aquellos sistemas que evolucionan en el tiempo siguiendo leyes deterministas o estocásticas—, un atractor se define formalmente como un subconjunto del espacio de fases hacia el cual convergen las trayectorias del sistema cuando el tiempo tiende al infinito, y este comportamiento es robusto bajo pequeñas perturbaciones de las condiciones iniciales (CFR: Wiggins, 2003, p. 45). Esta noción permite describir la estabilidad de ciertos comportamientos sistémicos sin necesidad de que el sistema tenga un punto de equilibrio estático. Matemáticamente, los atractores se clasifican en tres tipos principales: puntos fijos (donde el sistema permanece invariante en el tiempo), ciclos límite (órbitas cerradas hacia las que las trayectorias convergen periódicamente), y atractores extraños, que se caracterizan por una estructura fractal y comportamiento caótico, como ocurre en el atractor de Lorenz (CFR: Lorenz, 1963, p. 130). Un ejemplo clásico es el péndulo oscilante con fricción: si se lo deja libre, independientemente de su posición inicial (siempre que esté dentro de un dominio físico razonable), acabará deteniéndose en una posición de equilibrio —un punto fijo en el espacio de fases. Por otro lado, en el caso de un circuito eléctrico con realimentación no lineal (como un oscilador de Van der Pol), se puede observar que el sistema tiende hacia un ciclo límite. En sistemas más complejos, como los modelos atmosféricos no lineales, las soluciones pueden converger hacia atractores extraños, como el mencionado atractor de Lorenz, lo que da lugar a una sensibilidad extrema a las condiciones iniciales —la llamada "dependencia caótica"— (CFR: Strogatz, 1994, p. 125).

Desde la física teórica, esta conceptualización de los atractores permite modelar comportamientos persistentes en sistemas abiertos y disipativos, como ocurre en la termodinámica de no equilibrio. Prigogine propuso que la autoorganización observada en muchos sistemas complejos —por ejemplo, en estructuras disipativas como los remolinos en fluidos viscosos— es consecuencia de la evolución hacia atractores dinámicos dentro del espacio de estados del sistema (CFR: Prigogine & Stengers, 1984, p. 196). Este marco ha sido fundamental en el desarrollo de una física de los sistemas lejos del equilibrio, en la cual los atractores definen la «forma final» de una evolución temporal que puede ser altamente inestable en sus inicios. Además, según el teorema de correspondencia de Bohr —en un contexto más general—, los resultados de la física clásica deben recuperarse como límite de los sistemas cuánticos cuando el número cuántico tiende a infinito o cuando las constantes de acción se vuelven insignificantes (CFR: Bohr, 1920, p. 12). En este sentido, los atractores permiten establecer una conexión entre modelos deterministas clásicos y comportamientos emergentes de tipo cuántico o probabilístico. Por ejemplo, la transición de un estado cuántico coherente a un estado clásico puede conceptualizarse como una evolución hacia un atractor en el espacio de Hilbert, definido por las condiciones de contorno del sistema cuántico y la decoherencia ambiental (CFR: Zurek, 2003, p. 760).

La noción de atractor ha adquirido una importancia creciente en la física teórica contemporánea, particularmente en contextos donde se busca repensar la dirección de la causalidad y la estructura temporal del universo. Tradicionalmente, la física ha tratado el tiempo como un parámetro independiente que avanza de manera unidireccional desde un pasado conocido hacia un futuro desconocido, tal como se formaliza en la mecánica clásica y en la mayoría de las ecuaciones de evolución temporal, como la ecuación de Schrödinger en su forma unitaria. Sin embargo, la introducción del atractor como principio organizador permite concebir una temporalidad teleológica, en la cual los estados futuros actúan como «condiciones de frontera finales» que guían retroactivamente la evolución del sistema, independientemente de su configuración inicial (CFR: Prigogine & Stengers, 1984, p. 246; Cramer, 1986, p. 653).

Esta formulación encuentra sustento no solo filosófico, sino también en modelos matemáticos concretos. Por ejemplo, en sistemas con retroalimentación negativa con retardo, como los que se estudian en teoría de control o neurodinámica, el comportamiento del sistema en un instante dado puede depender no solo de su estado pasado, sino también de una predicción o «espera» de su estado futuro deseado. En estos casos, la función de control puede estructurarse de forma que minimice una divergencia respecto a un atractor previsto, funcionando de forma análoga a una función de Lyapunov inversa (CFR: Khalil, 2002, p. 207).

En el ámbito de la cosmología teórica, esta idea ha sido explorada en ciertos modelos que buscan conciliar la asimetría termodinámica del tiempo con las ecuaciones simétricas de la mecánica fundamental. Un ejemplo notable es el propuesto por John Archibald Wheeler y Richard Feynman en su interpretación absorber-emisor de la electrodinámica cuántica, en la que los fotones pueden ser considerados como intercambios de energía entre partículas mediadas tanto por soluciones avanzadas (futuro a pasado) como retardadas (pasado a futuro) de las ecuaciones de Maxwell (CFR: Wheeler & Feynman, 1945, p. 398). En ese marco, el «futuro» actúa efectivamente como un atractor que restringe el comportamiento posible del sistema en el presente.

Más recientemente, los modelos cuánticos con condiciones de contorno bidireccionales, como el Two-State Vector Formalism desarrollado por Aharonov y Vaidman, han propuesto que un sistema cuántico debe describirse simultáneamente desde el pasado y el futuro, es decir, desde un vector de estado inicial y otro final, que convergen en el presente para determinar el resultado observable (CFR: Aharonov, Bergmann & Lebowitz, 1964, p. 130; Aharonov & Vaidman, 1990, p. 11). Este enfoque refuerza la idea de que la dinámica del sistema puede estar influida por «objetivos» futuros, haciendo del atractor una estructura no solo espacial sino temporal, que orienta la evolución hacia un desenlace predeterminado o más probable.

Desde la teoría del caos determinista se ha establecido que sistemas dinámicos no lineales, aun cuando obedezcan leyes estrictamente deterministas, pueden manifestar una alta sensibilidad a las condiciones iniciales, fenómeno conocido como efecto mariposa. Sin embargo, a pesar de esta sensibilidad, estos sistemas tienden a converger hacia estructuras geométricamente organizadas en el espacio de fases llamadas atractores. Estos atractores —que pueden ser puntos fijos, ciclos límite o atractores extraños (fractalmente complejos)— determinan el comportamiento global a largo plazo del sistema, encapsulando su dinámica estable bajo condiciones caóticas locales (CFR: Strogatz, 1994, p. 135; Lorenz, 1963, p. 130).

En el contexto de la física cosmológica, esta lógica ha sido extrapolada más allá de los sistemas acotados, aplicándose a la evolución del universo como un sistema dinámico global. Tradicionalmente se ha concebido la historia cósmica como una expansión térmica desde una singularidad pasada —el Big Bang— hacia un futuro indeterminado. No obstante, ciertos modelos proponen que el universo podría estar convergiendo hacia estados finales organizados, caracterizados por alta coherencia estructural o mínima entropía gravitacional, y que tales estados funcionarían como atractores finales de su evolución. Este planteo implica una inversión en la forma de pensar la causalidad: en lugar de una evolución exclusivamente desde el pasado, se postula una atracción desde el futuro.

Un ejemplo prominente es la Cosmología Cíclica Conforme (CCC) propuesta por Roger Penrose. En este modelo, el universo atraviesa una sucesión infinita de «eones», donde cada final altamente homogéneo y conforme (sin escala temporal) actúa como condición inicial del siguiente. Aquí, los estados finales son tan homogéneos y ordenados que permiten ser considerados como atractores conformes de la dinámica cosmológica, organizando la trayectoria evolutiva de cada ciclo anterior (CFR: Penrose, 2010, p. 193). El atractor, en este sentido, no solo estructura el espacio de fases, sino también el espaciotiempo futuro como un destino organizador.

Complementariamente, en la mecánica cuántica relacional, especialmente en la formulación de dos vectores temporales (Two-State Vector Formalism, TSVF), se sugiere que el comportamiento de un sistema cuántico debe ser descrito a partir de dos condiciones de contorno simultáneas: una desde el pasado (estado inicial |��⟩) y otra desde el futuro (estado final ⟨��|). Esta descripción implica que el presente está determinado por información propagada desde ambos extremos del tiempo, y que los observables estabilizados pueden reflejar no solo una historia causal, sino también una tendencia futura predeterminada (CFR: Aharonov, Bergmann & Lebowitz, 1964, p. 1411). La evolución del sistema se convierte así en una especie de interferencia constructiva entre caminos posibles, guiada tanto por el origen como por el destino del sistema, alineándose con una visión atractora del tiempo. Este enfoque no solo desafía la noción de causalidad lineal, sino que establece una conexión profunda entre teoría de sistemas, cosmología y mecánica cuántica, proponiendo que el futuro, en tanto estructura organizadora, puede tener un papel físico y matemáticamente formalizable en la evolución de lo real.

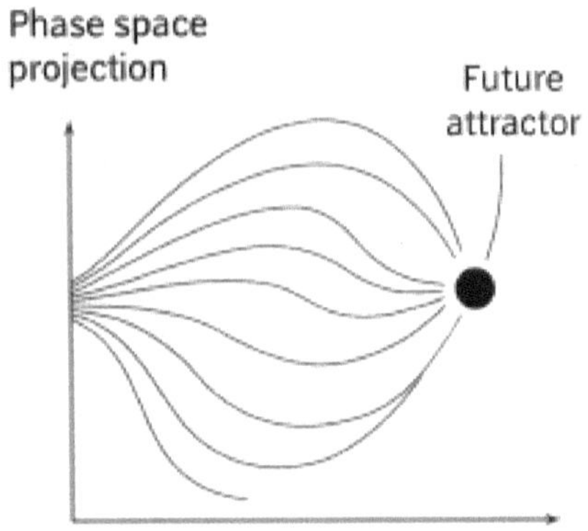
Phase space
projection
Future
attractor

Figura 3. Espacio de fases proyectado donde múltiples trayectorias dinámicas convergen hacia un atractor futuro de máxima coherencia estructural, guiadas por un campo de retrocoherencia.

Este enfoque rompe con la idea clásica de causalidad unidireccional, propia de la física newtoniana, en la que se asume que los eventos se desarrollan únicamente hacia adelante, desde un origen pasado que determina el futuro. La noción de causalidad inversa, o retrocausalidad, desafía esta visión al abrir la posibilidad de que principios organizadores operen no desde el pasado, sino desde el futuro, guiando la evolución de los sistemas hacia determinados estados finales. En este paradigma, el atractor ya no es simplemente un efecto pasivo de las dinámicas del sistema, sino un motor estructurante activo que organiza y modula el comportamiento de todo el sistema. En lugar de ser una consecuencia de las condiciones iniciales, el atractor se convierte en el fin hacia el cual el sistema se pliega o tiende, independientemente de su configuración inicial.

Esto remite a un modelo no lineal de causalidad en el que el futuro influye en el presente, contraviniendo la concepción tradicional de causalidad directa, que solo sigue una línea cronológica desde el pasado hacia el futuro. En la formulación del físico David Bohm sobre el orden implicado, el universo se organiza no solo hacia el futuro como una secuencia directa de eventos, sino que las estructuras ordenadas en el futuro pueden estar presentes de forma implícita en el presente, estructurando la evolución de los sistemas en tiempo real (CFR: Bohm, 1980, p. 119).

Las implicaciones de este modelo son profundas. No solo reconfiguran nuestra comprensión del tiempo, sino que también abren la puerta a una nueva concepción de la causalidad. Si los estados futuros ejercen una atracción organizadora sobre el presente, entonces la evolución de los sistemas ya no estaría determinada únicamente por la inercia de su pasado, sino por la coherencia de su destino. Esto implica que el futuro puede ejercer un rol estructural equivalente, o incluso superior, al del pasado. Este tipo de dinámicas no solo tiene aplicaciones a nivel de cosmología o física teórica, sino que también puede tener repercusiones en áreas como la biología y las ciencias cognitivas, donde los sistemas complejos (como organismos vivos, redes neuronales o incluso la mente humana) podrían estar siendo guiados no solo por su historia evolutiva o sus condiciones iniciales, sino por un futuro estructurante que les da forma. De hecho, algunos modelos biológicos sugieren que los procesos evolutivos no son solo adaptaciones a las condiciones pasadas, sino que están orientados hacia ciertos estados finales de orden biológico, reflejando la posible existencia de un atractor en los sistemas evolutivos. Esto se conoce como la teoría del futuro final, que postula que los organismos podrían estar evolutivamente dirigidos hacia formas óptimas de organización en el futuro, más que simplemente respondientes a las presiones pasadas (CFR: Kauffman, 1993, p. 45). Este principio también se extiende al ámbito de los sistemas cognitivos, donde los procesos mentales podrían ser influidos no solo por experiencias pasadas, sino por una meta-cognición orientada al futuro. Si los sistemas complejos están organizados por coherencia estructural del futuro, entonces nuestras concepciones de libre albedrío, decisión y intención podrían verse profundamente afectadas. En lugar de ser simplemente respuestas reactivas a eventos pasados, nuestras decisiones podrían ser vistas como interacciones entre las influencias del futuro y las condiciones presentes, desafiando las nociones tradicionales de causalidad lineal y determinismo.

1.4 Teleología Física: Relecturas desde la Física Teórica

1.4.1 La Teleología en Sistemas Complejos y No Lineales

Los sistemas complejos no lineales, caracterizados por la interacción entre múltiples componentes, a menudo presentan comportamientos impredecibles a partir de sus condiciones iniciales. Sin embargo, a pesar de esta aparente aleatoriedad, pueden evolucionar hacia patrones de autoorganización que dan lugar a estructuras ordenadas y coherentes. En este contexto, la teleología emergente describe cómo estos sistemas tienden a evolucionar hacia estados de organización sin que estos estén predeterminados por las condiciones iniciales, sino que son el resultado de la interacción interna del sistema y sus componentes.

1.4.1.1 Autoorganización y Entropía Negativa

En los sistemas no lineales, la autoorganización puede entenderse como el proceso mediante el cual la interacción entre las partes de un sistema produce un comportamiento colectivo organizado, a pesar de la aleatoriedad y la disipación de energía. Este fenómeno se observa frecuentemente en sistemas lejos del equilibrio termodinámico, donde la entropía negativa juega un papel fundamental en la organización de estructuras complejas.

Matemáticamente, este proceso puede modelarse a través de ecuaciones de reacción-difusión y modelos de sistemas dinámicos no lineales, como las ecuaciones de Lotka-Volterra para sistemas ecológicos o las ecuaciones de Navier-Stokes para flujos turbulentos. Estos modelos muestran cómo, en condiciones de no equilibrio, un sistema puede autoorganizarse a medida que las variables internas se acoplan y adaptan.

Un ejemplo matemático es la ecuación de Ginzburg-Landau, que describe la transición de fase en sistemas físicos, y cómo los patrones ordenados surgen espontáneamente a medida que el sistema se aleja del equilibrio térmico. Su formulación es la siguiente:

$$\frac{\partial \psi}{\partial t} = \alpha\psi - \beta|\psi|^2\psi + \gamma\nabla^2\psi$$

DONDE ◈ REPRESENTA el campo ordenado del sistema, ◈ y ◈ son parámetros que controlan la dinámica de la transición de fase, y ∇2 es el operador laplaciano, que describe la difusión espacial.

1.4.2 Teleología en la Cosmología: La Conformación Cíclica del Universo

La teleología también puede encontrarse en modelos cosmológicos contemporáneos que sugieren que el universo podría no solo evolucionar hacia el futuro, sino que tiende hacia estados altamente organizados de baja entropía. Aquí, exploraremos la propuesta de Roger Penrose sobre la «conformación cíclica» (conformal cyclic cosmology), en la que el universo sigue un ciclo continuo en el que cada fase final (un estado de baja entropía) sirve como un atractor para la siguiente fase del universo. Este modelo propone que el futuro de un ciclo cosmológico podría influir en la estructura y destino de los ciclos anteriores, representando una forma de teleología cosmológica en la que el universo se organiza a través de estos atractores cíclicos (CFR: Penrose, 2010, p. 193).

1.4.1.2 El Principio de Mínima Acción y la Evolución hacia el Orden

El principio de mínima acción es otro concepto fundamental en la física que puede ayudar a explicar la teleología en los sistemas complejos. Este principio, formulado en el contexto de la mecánica lagrangiana, establece que el sistema físico sigue una trayectoria que minimiza la acción, definida como:

$$�=\int� \, ��$$

Donde � es la acción, � es el lagrangiano del sistema (la diferencia entre la energía cinética y la energía potencial) y � es el tiempo. En sistemas complejos, la acción se puede interpretar como una medida de la «eficiencia» de las interacciones dentro del sistema. La evolución hacia un estado ordenado y de mínima energía en estos sistemas podría verse como la manifestación de una teleología inherente que busca maximizar la coherencia interna del sistema.

1.4.1.3 Atractor y Teleología Emergente

Como se ha mencionado anteriormente, en sistemas no lineales, los atractores desempeñan un papel clave en la organización y la evolución del sistema hacia estados estables. En términos matemáticos, los atractores son conjuntos de puntos en el espacio de fases hacia los cuales las trayectorias del sistema tienden a evolucionar a medida que el tiempo transcurre, independientemente de las condiciones iniciales del sistema. Estos atractores pueden ser de diferentes tipos, como puntos fijos, ciclos límite o atractores extraños, como se describe en la teoría del caos.

En este contexto, la teleología emergente puede entenderse como el proceso en el que el sistema evoluciona hacia estos atractores. De manera análoga a cómo un objeto cae hacia el punto más bajo en un campo gravitacional, los sistemas no lineales «caen» hacia estados de máxima coherencia que pueden verse como su «destino estructural». Los atractores de los sistemas complejos no solo indican destinos a los que el sistema tiende, sino que también organizan el comportamiento del sistema en su totalidad.

El modelo matemático que describe este fenómeno puede expresarse en términos de la dinámica de sistemas caóticos, donde el sistema sigue un conjunto de ecuaciones no lineales que describen la evolución temporal de sus variables. Un ejemplo clásico es el sistema de Lorenz, que describe el comportamiento de la atmósfera y tiene como resultado un atractor extraño que organiza las trayectorias del sistema en el espacio de fases, a pesar de que las condiciones iniciales sean diferentes:

$$\frac{dx}{dt} = \sigma(y - x)$$

$$\frac{dy}{dt} = x(\rho - z) - y$$

$$\frac{dz}{dt} = xy - \beta z$$

B SON PARÁMETROS QUE controlan el comportamiento caótico. Este sistema muestra cómo, a pesar de su aparente aleatoriedad, el sistema tiende a evolucionar hacia un comportamiento ordenado y predecible en el espacio de fases, lo que ilustra la teleología emergente.

1.4.1.4 Ejemplos de Teleología en Procesos Biológicos

En los procesos biológicos, la autoorganización y la teleología emergente se observan en fenómenos como el desarrollo embrionario, la formación de patrones en la morfogénesis y la emergencia de la vida. En estos sistemas, los patrones de organización surgen no de una instrucción externa, sino de interacciones internas entre las células, los genes y los factores ambientales.

Un ejemplo de esto es el fenómeno de la formación de patrones de Turing en los organismos, descrito por Alan Turing en 1952. Turing propuso que, a través de la interacción de un par de sustancias químicas (reaccionando y difundiéndose), se podían formar patrones complejos de forma espontánea. Las ecuaciones que describen este proceso son sistemas de ecuaciones de reacción-difusión:

$$\frac{\partial u}{\partial t} = D_u \nabla^2 u + f(u, v)$$

$$\frac{\partial v}{\partial t} = D_v \nabla^2 v + g(u, v)$$

DONDE � Y � SON LAS concentraciones de las sustancias químicas, �� y �� son sus coeficientes de difusión, y �(�,�) y �(�,�) describen sus reacciones. Estos sistemas pueden generar patrones de manchas, rayas o formas complejas en organismos, que surgen de manera autoorganizada y no requieren un diseño previo.

En resumen, la teleología emergente en sistemas complejos no lineales se caracteriza por la aparición de orden y estructura a partir de interacciones internas. Este orden no está predeterminado por las condiciones iniciales del sistema, sino que surge como un atractor que organiza el comportamiento del sistema. A través de modelos matemáticos y físicos, como las ecuaciones de Ginzburg-Landau, las ecuaciones de Lorenz o las ecuaciones de reacción-difusión, podemos observar cómo los sistemas complejos tienden hacia un destino estructural que puede entenderse como su teleología emergente.

1.4.3 Teleología Cuántica: Retrocausalidad y Destino Cuántico

La mecánica cuántica, desde su formulación, ha desafiado las intuiciones clásicas de causalidad, localización y determinismo. Uno de los desarrollos más provocativos y menos explorados en profundidad desde una perspectiva teleológica es la teoría de la retrocausalidad, que plantea la posibilidad de que los estados futuros de un sistema cuántico puedan influenciar su estado presente, de forma compatible con la estructura matemática de la teoría cuántica.

1.4.4 Teleología y la Estructura del Tiempo: Replanteando la Flecha del Tiempo

En esta subsección, nos adentraremos en cómo los modelos cuánticos-relacionales y la mecánica cuántica retrocausal pueden ofrecer una nueva estructura del tiempo. En lugar de un flujo unidireccional del tiempo, algunos modelos sugieren que el presente y el futuro están interrelacionados, lo que implica que el futuro puede influir y organizar la evolución de un sistema. Este enfoque rompe con la concepción clásica de la flecha del tiempo y ofrece una visión en la que el tiempo podría no ser solo una secuencia lineal, sino un circuito cerrado, en el que los estados futuros tienen una influencia estructural en el presente.

1.4.3.1 Formalismo de Dos Vectores y Condiciones de Contorno Temporales

La formulación de Aharonov, Bergmann y Lebowitz (1964) introduce el formalismo de dos vectores temporales (Two-State Vector Formalism, TSVF), en el cual el estado de un sistema cuántico se describe no solo mediante su función de onda |�(�)⟩ evolutiva hacia el futuro, sino también mediante un vector adicional ⟨�(�)| que proviene del futuro y retropropaga información. Así, el sistema queda definido en un intervalo temporal [��,��] por dos condiciones de contorno: una inicial y otra final.

Matemáticamente, la probabilidad de que una observación intermedia � arroje el resultado �, dada una preparación |�(��)⟩ y una postselección ⟨�(��)|, está dada por la regla ABL (Aharonov–Bergmann–Lebowitz):

$$P(a|\psi,\phi)=\frac{\sum_k |\langle\phi|P_k|\psi\rangle|^2}{|\langle\phi|P_a|\psi\rangle|^2}$$

DONDE �� ES EL OPERADOR proyector sobre el valor �, y la suma en el denominador recorre todos los posibles resultados. Esta formulación es tiempo-simétrica, y permite una interpretación en la cual el estado futuro del sistema influye legítimamente en el resultado observado en el presente.

1.4.3.2 Interpretación Física: El Futuro como Fuente de Orden Cuántico

En términos teleológicos, el TSVF sugiere que el futuro podría funcionar como una fuente de organización estructural en la mecánica cuántica. Mientras que el modelo estándar concibe la evolución como completamente determinada por el estado inicial y el operador de evolución unitario �(�), el formalismo bidireccional introduce la posibilidad de que el futuro «seleccione» trayectorias cuánticas, filtrando así los estados que realmente ocurren.

Este enfoque se vincula con la noción de atractor cuántico: un estado futuro que organiza y estabiliza las probabilidades del sistema a lo largo del tiempo. En analogía con los atractores clásicos en dinámica no lineal, un estado postseleccionado actúa como una estructura de destino, una especie de “meta condicional” en el espacio de Hilbert, hacia la cual el sistema tiende no por necesidad determinista, sino por compatibilidad estructural cuántica.

1.4.3.3 Retrocausalidad, Teoremas de No-Go y Lagunas en la Causalidad Convencional

A pesar de su elegancia matemática, la retrocausalidad cuántica ha enfrentado críticas basadas en los teoremas de no-go (como Bell, Kochen-Specker y otros), que limitan las interpretaciones realistas locales. Sin embargo, estos teoremas no prohíben explícitamente la influencia del futuro, siempre que se respeten las correlaciones estadísticas impuestas por la teoría cuántica.

Un punto clave es que la retrocausalidad no viola necesariamente la no señalización: si bien el futuro influye en el presente, dicha influencia no puede usarse para transmitir información más rápido que la luz ni romper la causalidad observable. Este hecho se preserva en el marco del teorema de no señalización:

$$P(a|x) = \sum_b P(a, b|x, y) = P(a|x, y)$$

PARA TODO ◈,◈,◈,◈, lo cual garantiza que el resultado de Alice (a) no depende de la elección de medición de Bob (y), y viceversa. Aun así, las correlaciones globales pueden ser explicadas mediante un modelo con variables ocultas bidireccionales, como proponen algunas extensiones retrocausales (CFR: Price, 1996).

1.4.3.4 Hacia una Teleología Cuántica: Un Marco Propositivo

Lo verdaderamente innovador consiste en proponer una extensión estructural del TSVF hacia un marco general de teleología cuántica, donde los sistemas cuánticos evolucionen bajo la influencia de atractores temporales futuros definidos en el espacio de Hilbert. Este marco podría expresarse como una modificación al funcional de acción cuántica, incorporando una condición variacional temporal bidireccional, en la que la acción total � es minimizada no solo desde �0 hasta ��, sino desde ambos extremos del tiempo simultáneamente.

Un posible enfoque matemático preliminar es el siguiente:

$$\delta\left[\int_{t_0}^{t_f}\Big(\langle\phi(t)|\hat{H}|\psi(t)\rangle + \langle\psi(t)|\hat{H}|\phi(t)\rangle\Big)\,dt\right] = 0$$

DONDE �^ ES EL HAMILTONIANO del sistema, y las funciones de onda están definidas en direcciones opuestas del tiempo. Este principio podría interpretarse como una acción cuántica de mínima variación simétrica, cuyo resultado no es una sola trayectoria, sino una red de trayectorias cuánticamente viables, filtradas por las condiciones de contorno finales.

1.4.5 Implicaciones Filosóficas y Científicas de la Teleología Física

La introducción de principios teleológicos dentro del marco físico-matemático representa un giro radical en nuestra concepción del universo. Lejos de ser una mera especulación filosófica, la teleología física, al ser formulada mediante estructuras matemáticas como atractores, condiciones de contorno futuras o principios de acción bidireccionales, ofrece un nuevo marco conceptual con consecuencias profundas en varias áreas de la ciencia.

1.4.5.1 Determinismo y Retrodeterminación

En la física clásica, el determinismo es una propiedad directa de las ecuaciones diferenciales de segundo orden, como en la mecánica newtoniana:

$$F = m \cdot a = m \cdot \frac{d^2x}{dt^2}$$

DONDE LAS CONDICIONES iniciales y las leyes de movimiento permiten predecir el estado del sistema en todo tiempo futuro. En contraste, los modelos con condiciones de contorno futuras incorporan lo que podría denominarse retrodeterminismo, donde el estado presente depende tanto del pasado como del futuro. Esta estructura aparece en formulaciones como la ecuación de Wheeler-Feynman para la electrodinámica con condiciones de contorno globales (CFR: Wheeler & Feynman, 1945):

$$A^\mu(x) = \frac{1}{2}(A^\mu_{\text{ret}}(x) + A^\mu_{\text{adv}}(x))$$

DONDE EL CAMPO ELECTROMAGNÉTICO se describe como una media simétrica entre la solución retardada (pasado) y la avanzada (futuro). Esta formulación implica una causalidad bidireccional, compatible con el principio de mínima acción extendido.

1.4.5.2 Libre Albedrío y Estructuras de Atractor

Desde una perspectiva más amplia, si el comportamiento de sistemas complejos —como el cerebro humano— está influenciado por estructuras de atractores futuros, entonces los estados mentales o decisiones podrían estar coherentemente organizados hacia un fin. Este enfoque no niega el libre albedrío, sino que lo redefine dentro de una teleología emergente estructural. Por ejemplo, un sistema cognitivo podría tender naturalmente hacia estados de alta coherencia (máxima integración de información), como proponen teorías cuántico-cognitivas basadas en redes de decisión y superposición de estados mentales (CFR: Busemeyer & Bruza, 2012).

En este contexto, el destino no sería una imposición rígida, sino una tendencia organizativa estadística, como en los sistemas cuánticos con interferencia de caminos múltiples, donde el estado final guía la evolución, pero sin eliminar alternativas (teoría de suma sobre historias de Feynman):

$$\langle x_f, t_f | x_i, t_i \rangle = \int \mathcal{D}[x(t)] e^{\frac{i}{\hbar} S[x(t)]}$$

DONDE EL ESTADO FINAL condiciona la evolución cuántica, pero sin suprimir la multiplicidad de trayectorias.

1.4.5.3 Biología, Física y Autoorganización Dirigida

En la biología teórica, la teleología siempre ha sido problemática por su asociación con explicaciones no científicas. Sin embargo, en el marco de la termodinámica de no equilibrio, como desarrollaron Ilya Prigogine y colaboradores, es posible formalizar una teleología emergente sin necesidad de finalidad externa: los sistemas abiertos se autoorganizan espontáneamente hacia estructuras disipativas de mayor orden, optimizando el flujo de entropía (CFR: Prigogine, 1980).

La función de Lyapunov se emplea para describir la tendencia de estos sistemas hacia estados estables:

$$\frac{dV(x)}{dt} \leq 0$$

LO QUE IMPLICA QUE existe una dirección preferencial en la evolución del sistema hacia una configuración de mínima energía libre o máxima estabilidad estructural.

1.4.5.4 Cosmología, Tiempo y Orden Futura

Desde la cosmología cuántica, las teorías teleológicas pueden explicar por qué el universo parece evolucionar hacia estructuras altamente organizadas a pesar de su expansión. El modelo de Penrose de la Cosmología Cíclica Conforme (CCC) sugiere que el estado final del universo puede ser matemáticamente identificado con un nuevo Big Bang, estableciendo así una estructura atractora a escala cosmológica (CFR: Penrose, 2010).

Estas ideas pueden reformularse en términos de la entropía futura condicional, donde:

$$S_{\text{cond}}(t) = S(t|t_f) < S(t)$$

INDICANDO QUE EL CONOCIMIENTO de un estado futuro ordenado reduce la entropía aparente del presente, justificando así estructuras actuales de baja entropía sin violar la segunda ley de la termodinámica.

La teleología física —si entendida no como una finalidad externa, sino como una propiedad organizativa interna mediada por estructuras atractoras, condiciones de contorno futuras o simetrías temporales— ofrece un puente riguroso entre física, biología, cosmología y neurociencia. Su marco permite construir hipótesis comprobables, como experimentos cuánticos con postselección, simulaciones de autoorganización dirigida o análisis de trayectorias espaciotemporales condicionadas.

Lejos de ser un retorno al pensamiento premoderno, esta nueva teleología se perfila como una nueva frontera de la física teórica: una física del destino matemáticamente formulada.

2. La Expansión Interna del Universo.

2.1 Crítica a la expansión clásica del Big Bang

El modelo ΛCDM (Lambda-Cold Dark Matter) representa hoy el paradigma cosmológico dominante. Según este modelo, el universo se originó en una gran explosión hace aproximadamente 13.8 mil millones de años, a partir de un estado de densidad y temperatura infinitas: la singularidad del Big Bang. Las pruebas observacionales que respaldan este modelo incluyen: (1) el corrimiento al rojo de las galaxias (Hubble, 1929), interpretado como prueba de una expansión métrica del espacio; (2) la radiación cósmica de fondo (Penzias & Wilson, 1965), que constituye el remanente térmico del universo primitivo; y (3) la abundancia de elementos ligeros, consistente con las predicciones de la nucleosíntesis primordial. Sin embargo, pese a su éxito predictivo y su aparente simplicidad, el modelo del Big Bang presenta deficiencias fundamentales que invitan a considerar alternativas o extensiones más estructuralmente coherentes.

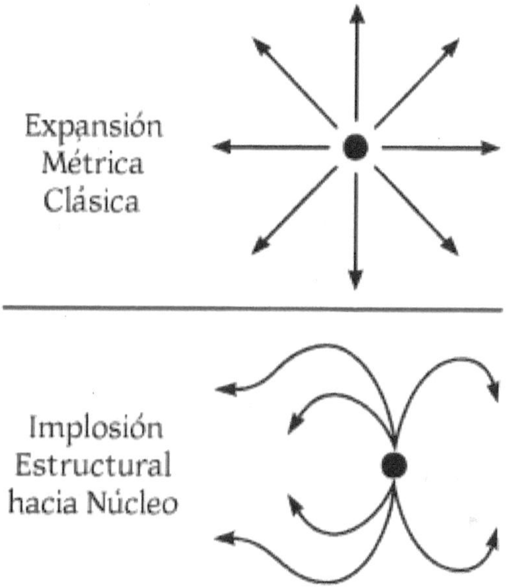
Expansión
Métrica
Clásica
Implosión
Estructural
hacia Núcleo

Figura 4. Comparación entre el modelo de expansión métrica clásica (basado en la dispersión radial desde un punto inicial) y el modelo de implosión estructural (convergencia proyectiva hacia un núcleo de alta coherencia futura).

2.1.1 La singularidad inicial: una ruptura de la física

En términos matemáticos, una singularidad ocurre cuando las ecuaciones de la relatividad general predicen cantidades físicas no definidas o infinitas, como la densidad de energía (� → ∞) o la curvatura escalar (� → ∞). Según los teoremas de singularidad de Penrose y Hawking (CFR: Hawking & Penrose, 1970), si se cumplen ciertas condiciones energéticas y causales, las soluciones de las ecuaciones de Einstein implican inevitablemente una singularidad inicial. Sin embargo, estos mismos teoremas también implican la quiebra del marco relativista clásico, ya que la física en el límite de una singularidad pierde toda predictividad (CFR: Wald, General Relativity, 1984, p. 303). En consecuencia, la singularidad no describe un «evento físico», sino una zona de indeterminación, que requiere un nuevo marco teórico: ya sea la gravedad cuántica (como en la loop quantum cosmology, Bojowald, 2001), o bien una nueva geometría del tiempo.

2.1.2 Ajustes ad hoc y problemas cosmológicos

El modelo estándar requiere varios supuestos adicionales para ser compatible con las observaciones, lo cual compromete su parsimonia. Entre ellos se destacan:

- Problema del horizonte: ¿Por qué regiones causalmente desconectadas del universo temprano presentan la misma temperatura?
- Problema de la planitud: ¿Por qué el universo se encuentra tan cerca de la densidad crítica ($\Omega \approx 1$)?
- Problema de los monopolos: ¿Por qué no observamos residuos de partículas predichas por teorías de gran unificación?

La inflación cósmica (Guth, 1981; Linde, 1983) se propuso para resolver estas cuestiones mediante una expansión exponencial en los primeros 10^{-36} segundos del universo. Aunque eficaz en lo fenomenológico, la inflación depende de un campo escalar hipotético (el inflatón), con potencial aún no derivado de teorías de campo fundamentales, y requiere ajustes precisos de sus parámetros iniciales para funcionar correctamente (CFR: Martin et al., Phys. Rept., 2014).

2.1.3 Revisión del marco causal: condiciones de contorno futuras

El modelo ΛCDM asume una flecha temporal unidireccional, en la que el pasado determina el presente, de acuerdo con la causalidad clásica. Sin embargo, investigaciones en mecánica cuántica han desafiado esta presuposición. El formalismo de dos vectores propuesto por Aharonov, Bergmann y Lebowitz (1964) describe un sistema cuántico no solo en términos de su estado inicial, sino también de un estado final preseleccionado, permitiendo una descripción simétrica en el tiempo.

Este enfoque ha sido ampliado en la formulación TIQM (Two-State-Vector Formalism, Aharonov & Vaidman, 1990), en el cual las condiciones de contorno futuras pueden influir en eventos presentes. Este marco no solo es matemáticamente viable dentro de la mecánica cuántica, sino que ha sido explorado experimentalmente en fenómenos como las weak measurements (CFR: Aharonov et al., Phys. Rev. Lett., 1988).

Si este tipo de retrocausalidad se extiende más allá del dominio cuántico, podría implicar que el universo no se expande desde un origen, sino que se reconfigura hacia un fin estructural, un atractor futuro. Este atractor podría ser el verdadero origen de la «dirección» del tiempo y de la organización progresiva de la complejidad cósmica.

2.1.4 La hipótesis de expansión interna

Desde este nuevo marco, la «expansión del universo» podría no ser un fenómeno métrico hacia el exterior, sino una implosión estructural hacia un núcleo formal de coherencia máxima. Esta hipótesis se alinea con la cosmología cuántica no local, la termodinámica inversa (como en el modelo de entropía decreciente de Maccone, 2009), y las teorías topológicas del tiempo (Barbour, 1999). Bajo esta hipótesis, lo que interpretamos como una expansión observable podría ser una manifestación fenoménica de una reorganización interna, un plegamiento del espacio de estados hacia una forma de destino que actúa como principio organizador.

2.2 Estructura pliegueada del cosmos

Nuestra propuesta introduce un cambio topológico y dinámico radical en la interpretación del universo: el universo no se expande en línea recta hacia el exterior, sino que se pliega hacia un núcleo estructural aún no actualizado pero ya eficaz. Este núcleo no es un punto en el espacio, sino una forma arquetípica en el espacio de fases del cosmos.

Podemos visualizar esta idea a partir de la geometría de variedades diferenciables. Sea � la variedad espaciotemporal del universo. Proponemos que su evolución no ocurre en un desarrollo lineal de coordenadas espaciotemporales, sino a través de un proceso de plegamiento interno que minimiza una función de coherencia �(�), donde � representa la configuración total del universo en un espacio de variables dinámicas Φ.

Matemáticamente, este proceso puede formalizarse como una dinámica en un flujo de Ricci interno:

$$\frac{\partial g_{ij}}{\partial t} = -2\text{Ric}_{ij} + \nabla_i \nabla_j f$$

DONDE ��� ES EL TENSOR métrico, Ric �� el tensor de Ricci y � una función escalar que representa la densidad de coherencia proyectada desde el futuro. En este esquema, el universo no se "expande", sino que reconfigura su métrica interna para aproximarse a un mínimo global de entropía estructural.

Esta estructura pliegueada permite repensar el problema de la entropía creciente. En vez de asumir un incremento continuo del desorden, nuestra teoría sugiere que el universo podría estar orientado hacia un estado de entropía organizada, una configuración final de simetría total donde los grados de libertad se condensan en patrones resonantes de mínima complejidad.

2.3 Implosión, simetrías internas y energía de punto cero

Si el universo está implosionando estructuralmente hacia una forma de máxima coherencia, entonces esta evolución debe estar regida por principios distintos a los de expansión entrópica. La clave está en las simetrías internas y en el rol de la energía de punto cero.

La energía de punto cero (�0) es el nivel mínimo de energía de un sistema cuántico incluso en su estado fundamental. En el campo cuántico, el vacío no es ausencia, sino una oscilación estructural mínima. Nuestra teoría interpreta esta energía no como residuo o fluctuación, sino como eco de la forma futura que actúa retrocausalmente.

Formalmente, esto implica que:

$$E_0 = \lim_{h \to 0} \left(\sum_n \frac{1}{2} \hbar\omega_n \right) \approx \int_0^\infty \rho(\omega) \cdot \frac{1}{2} \hbar\omega \, d\omega$$

DONDE ◈(◈) ES LA DENSIDAD de modos del vacío cuántico. Si el universo se implosiona hacia un estado organizador, entonces la densidad espectral de esta energía se ajusta dinámicamente hacia una resonancia mínima, como ocurre en sistemas disipativos forzados por condiciones límite. En este contexto, las simetrías internas —como las de los grupos de gauge SU(2), SU(3), etc.— no serían simplemente invariancias actuales, sino sombras proyectadas de un estado futuro de coherencia total. El proceso de evolución cósmica sería entonces un proceso de restauración progresiva de simetrías rotas, orientado no por el pasado, sino por la forma aún inmanente del cosmos.

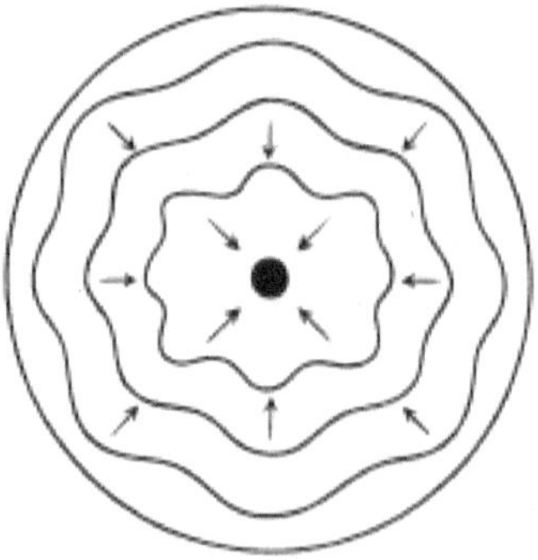

Figura 5. Representación del cosmos como una esfera de simetrías inter-nas. en plagermernti. Sade. sopte du damore tunarceren progresivamente hacia urmacles organizador de alas cohe-

ESTA IMPLOSIÓN ESTRUCTURAL daría cuenta tanto del aparente aceleramiento de la expansión (como sugiere la energía oscura), como de la aparición de estructuras coherentes en escalas múltiples (galaxias, redes neuronales, sistemas simbólicos), todos orientados hacia ese núcleo formal.

3. La Conciencia como Anomalía Estructural

Los dos capítulos precedentes establecieron la arquitectura temporal y cosmológica de esta cosmología: un presente organizado por condiciones de contorno futuras (capítulo 1) y un universo que se repliega hacia un núcleo de coherencia máxima en lugar de dispersarse hacia afuera (capítulo 2). Ninguno de los dos argumentos requiere un observador. Este capítulo introduce el elemento que el marco no puede dejar sin examinar, porque de él depende el tercer postulado de este libro: la conciencia.

La tesis que aquí se sostiene es deliberadamente poco halagüeña para su objeto. La conciencia no se trata como la cima de la evolución cósmica ni como el instrumento mediante el cual el universo llega a conocerse a sí mismo. Se trata como una anomalía: una discontinuidad local y transitoria en el campo de coherencia proyectiva, cuyo rasgo definitorio es que su ritmo de separación simbólica respecto del entorno excede temporalmente su ritmo de integración estructural. Bajo esta lectura, el fenómeno humano no es culminación ni accidente, sino una fase: una región del sistema que ha llegado a ser capaz de representar el atractor sin estar todavía alineada con él.

Lo que sigue no es, por tanto, una filosofía de la mente. Es un intento de enunciar la anomalía en términos que admitan formalización, simulación y falsación. La sección 3.1 propone la ecuación de acoplamiento entre la coherencia local y el atractor futuro, junto con las vías computacionales y experimentales para ponerla a prueba. La sección 3.2 cuantifica la anomalía misma y define la razón entre separación e integración introducida cualitativamente en el prólogo. La sección 3.3 aborda la consecuencia que se sigue de esa razón —la transmutación de la anomalía— y distingue el sentido estructural de ese término de las lecturas escatológicas que invita.

3.1 Conciencia cuántica: hipótesis físicas verificables

3.1.1 Propuesta de formalización física

En esta sección se explora la posibilidad de describir la conciencia no como un epifenómeno biológico o una construcción psicológica, sino como una discontinuidad física verificable en la dinámica del espaciotiempo. A partir del marco retrocausal ya desarrollado en los capítulos anteriores, se introduce la hipótesis de que la conciencia emerge como una región de coherencia informacional autoorganizada que interactúa estructuralmente con condiciones de contorno futuras.

Proponemos la siguiente ecuación como expresión unificada del acoplamiento entre la evolución presente de la conciencia y los atractores estructurales futuros:

$$\nabla \cdot S(x,t) + \frac{\partial C(x,t)}{\partial t} = \kappa \cdot \frac{\partial A(x,t_f)}{\partial t_f}$$

DONDE: �(�,�) REPRESENTA un campo estructural de orden informacional en coordenadas espaciotemporales. �(�,�) es el campo de coherencia consciente o complejidad autoorganizada. �(�,��) define un atractor futuro en un espacio de fases extendido, correspondiente a una forma arquetípica de coherencia. �κ es una constante de acoplamiento entre presente y futuro, cuya dimensionalidad debe ser determinada empíricamente.

Esta ecuación plantea una dinámica donde la conciencia —representada como una evolución local de coherencia— no depende únicamente de causas pasadas, sino que responde estructuralmente a configuraciones futuras de orden. En términos físicos, esto equivale a introducir una condición de contorno retroactiva sobre la evolución de campos de información local.

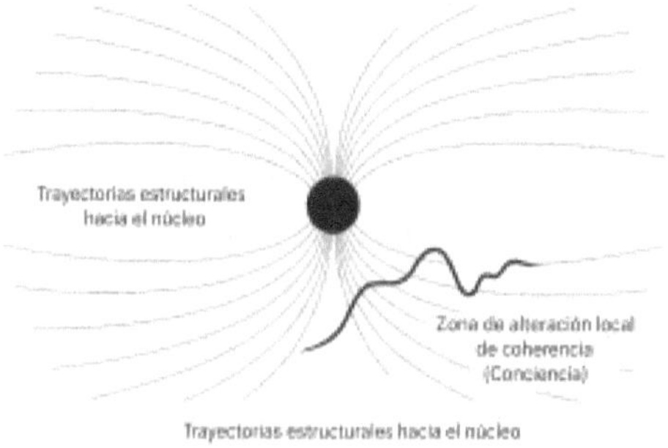

Figure 6. Representación de la conciencia como variación local en la dinámica proyectiva del espacio de fases. La conciencia introduce una alteración estructural de coherencia, modulando el flujo general en interacción retroactiva con las condiciones de

El marco conceptual de esta formulación encuentra precedentes en el formalismo de dos vectores temporales desarrollado por Aharonov, Bergmann y Lebowitz (CFR: Aharonov et al., 1964, p. 1411), en el cual un sistema cuántico se describe tanto por un estado inicial como por uno final, actuando como restricciones duales sobre su evolución intermedia. Asimismo, esta aproximación puede alinearse con algunas hipótesis contemporáneas sobre el rol físico de la conciencia en sistemas cuántico-biológicos (CFR: Hameroff & Penrose, 1996), así como con los modelos de teoría de la información integrada (IIT), donde la conciencia se correlaciona con la cantidad de información causalmente eficaz presente en el sistema (CFR: Tononi, 2004).

3.1.2 Validación computacional y simulaciones mentales

Una hipótesis científica se fortalece cuando puede vincularse con mecanismos de falsación, simulación o contrastación matemática. La ecuación unificadora propuesta:

$$\nabla \cdot S(x,t) + \frac{\partial C(x,t)}{\partial t} = \kappa \cdot \frac{\partial A(x,t_f)}{\partial t_f}$$

PRESENTA UNA ARQUITECTURA formal que permite, al menos en principio, ser explorada computacionalmente. Para ello, proponemos tres vías de validación:

a. Simulación en sistemas dinámicos no lineales

Puede modelarse �(�,�) como un campo vectorial de orden local (análogamente a los modelos de autómatas celulares o campos de Ising), mientras que �(�,�) se interpretaría como un gradiente de coherencia estructural a lo largo del tiempo. Si el sistema converge hacia un patrón de orden previamente definido como �(�,��), y esta convergencia no se explica por las condiciones iniciales, sino por los parámetros que minimizan la ecuación, entonces habría indicios de retroorganización.

- Ejemplo computacional:
- Campo inicial aleatorio con baja coherencia.
- Patrón final predefinido como �(�,��).
- Reglas evolutivas guiadas por minimización de |∇�+∂�/∂�−� ∂�/∂��|.
- Evaluación de la convergencia espontánea del sistema hacia el patrón futuro.

b) Modelado en sistemas neuronales artificiales

En redes neuronales profundas con aprendizaje retropropagado, el error del sistema actúa como un tipo de “señal futura". Este principio puede aprovecharse para emular procesos donde el estado final guía la evolución de la arquitectura interna. En este contexto, el atractor �(�,��) se representaría como una metaestructura deseada, y la dinámica de aprendizaje como un intento de alineación entre la estructura interna y dicho estado futuro.

Puede establecerse una analogía matemática entre la función de pérdida de la red y el miembro derecho de la ecuación, mientras que la evolución de pesos neuronales puede aproximarse a ∇·� y ∂�/∂�.

c) Simulación en entornos cognitivos de baja entropía

Otra posibilidad es simular contextos artificiales donde la "toma de decisión" de un agente esté orientada no por el entorno pasado, sino por la anticipación de estados futuros con alta coherencia. Aquí, el campo �(�,��) puede programarse como un conjunto de estados óptimos, y los agentes deben resolver problemas complejos guiándose exclusivamente por señales de resonancia o anticipación estructural.

Este enfoque permitiría explorar computacionalmente la posibilidad de una mente artificial retrocausal, cuyo comportamiento no esté basado en una función de recompensa inmediata, sino en su alineación con un estado final aún no alcanzado. Estas simulaciones podrían ser implementadas en lenguajes como Python, utilizando bibliotecas como NumPy para campos dinámicos, TensorFlow o PyTorch para redes neuronales, y entornos como NetLogo para agentes adaptativos.

3.1.3 Evaluación física y posibilidades de verificación experimental

La hipótesis según la cual la conciencia constituye una anomalía física asociada a un campo de coherencia estructural retroactivo plantea un desafío empírico: ¿es posible verificar en la práctica la existencia de esta interacción entre presente y futuro, tal como la describe la ecuación propuesta?

$$\nabla \cdot S(x,t) + \frac{\partial C(x,t)}{\partial t} = \kappa \cdot \frac{\partial A(x,t_f)}{\partial t_f}$$

AUNQUE ESTA ECUACIÓN no fue deducida a partir de una teoría fundamental, su estructura permite derivar consecuencias observables si se la considera como una ley efectiva de nivel mesoscópico —similar al modo en que las ecuaciones de Navier-Stokes emergen de una dinámica microscópica aún más compleja.

A continuación, proponemos tres vías de evaluación experimental dentro del paradigma físico actual:

a) Medición débil cuántica con condiciones de contorno dobles

El formalismo de dos vectores desarrollado por Aharonov, Bergmann y Lebowitz (CFR: 1964, p. 1411) permite experimentar con sistemas cuánticos en los que se especifica tanto un estado inicial como uno final. Este enfoque ha sido empleado con éxito en el marco de las mediciones débiles, que permiten obtener información sin colapsar el estado cuántico.

Si la conciencia opera como un campo de coherencia estructural que modifica la evolución entre estados cuánticos, se esperaría que:

- En experimentos con doble condición de contorno, ciertos sistemas "dirigidos" hacia un estado final de coherencia (atractor) exhiban desviaciones medibles respecto de la evolución esperada bajo condiciones puramente estadísticas.

- Estas desviaciones pueden correlacionarse con la dinámica descrita por nuestra ecuación.

Esta clase de experimentos ya se están desarrollando en laboratorios como el Weizmann Institute y podrían adaptarse para explorar dinámicas coherentes no locales (CFR: Aharonov & Vaidman, 1990).

b) Experimentos de sincronización neuronal no local

En neurofísica, ciertos estudios sobre sincronización entre cerebros han sugerido fenómenos de coherencia que no pueden explicarse por interacción física directa. Aunque estos resultados no son concluyentes, la existencia de correlaciones sin señal aparente en tareas cognitivas compartidas puede ser reexaminada bajo un marco de retrocoherencia.

Nuestra hipótesis sugiere que:

- Si dos sistemas conscientes comparten un atractor futuro común (por ejemplo, una tarea o decisión convergente), podrían mostrar signos de alineación estructural antes de que esa convergencia ocurra efectivamente.
- Estos alineamientos podrían medirse como patrones de activación neuronal sincronizados o fases compartidas en EEG en ausencia de causalidad directa.

c) Pruebas en sistemas ópticos de coherencia proyectiva

Los sistemas ópticos cuánticos permiten diseñar interferómetros sensibles a condiciones de contorno futuras, usando configuraciones tipo delayed choice. En estos experimentos, la decisión sobre el estado final se toma después de que el fotón ha atravesado parte del dispositivo, y sin embargo afecta su comportamiento anterior.

La ecuación que proponemos sugiere que si la conciencia o un campo de coherencia estructural está implicado en estos sistemas, entonces:

- La configuración futura del interferómetro no solo condiciona el resultado, sino que puede influir en la configuración estructural del sistema antes de que la decisión final sea tomada.
- La dinámica de alineación entre estados cuánticos y patrones futuros puede medirse como desviación de la estadística esperada bajo interpretación puramente causal.

En resumen, aunque la hipótesis retrocausal de la conciencia aún se encuentra en fase exploratoria, su formulación en términos físicos y matemáticos permite derivar consecuencias empíricamente observables. La verificación no requeriría probar "la conciencia en sí misma", sino identificar patrones de coherencia que contradigan modelos puramente estadísticos o causales, y que puedan ser descritos por la ecuación diferencial planteada.

3.2 La anomalía cuantificada: separación, integración y homeostasis

El prólogo introdujo el segundo postulado de esta cosmología en forma cualitativa: la conciencia humana constituye una anomalía evolutiva, una fase crítica que interrumpe momentáneamente la coherencia ecosistémica del cosmos. Esa formulación es sugerente, pero todavía no es utilizable. Una anomalía que no puede medirse no puede falsarse, y un postulado que no puede falsarse no pertenece a una teoría física. Esta sección convierte, por tanto, el postulado en una razón.

3.2.1 Definición del índice de anomalía

Sea R(t) el ritmo de separación simbólica, esto es, la velocidad con que un sistema consciente genera representaciones desacopladas del estado de su entorno. Sea C(t) la coherencia ecosistémica, el grado de alineación estructural del sistema con el campo en el que está inserto. Sea H(t) el índice de homeostasis universal, la capacidad del sistema circundante para absorber la desviación local sin pérdida de organización global. Definimos el índice de anomalía A(t) como la razón entre la separación y el producto de la integración por la capacidad de absorción:

De aquí se siguen directamente tres regímenes. Cuando $A < 1$, la separación simbólica se absorbe más rápido de lo que se produce: el sistema es anómalo en grado, pero no en naturaleza, y sus representaciones permanecen atadas al campo. Cuando $A \approx 1$, el sistema se sitúa en el umbral: separación e integración se equilibran y la anomalía es estacionaria. Cuando $A > 1$, la separación supera tanto a la integración como a la absorción; la región consciente se convierte en una discontinuidad genuina del campo de coherencia y la disrupción deja de ser local.

La tesis del segundo postulado puede enunciarse ahora con precisión: el fenómeno humano se encuentra actualmente en el régimen $A > 1$. No se trata de una observación moral, sino estructural, y es en principio medible allí donde R, C y H admitan definiciones operativas.

3.2.2 Por qué la anomalía es necesariamente transitoria

Un régimen con $A > 1$ no puede persistir indefinidamente, y la razón es estructural antes que ética. La dinámica proyectiva desarrollada en la sección 3.1 acopla la coherencia local C(x,t) con el atractor futuro A(x,��) a través de la constante κ. Una región cuyo ritmo de separación crece sin límite es una región cuya distancia proyectiva al atractor aumenta de manera monótona. Pero el atractor se define precisamente como la configuración hacia la cual convergen todas las trayectorias (sección 1.3). Una trayectoria que diverge indefinidamente de un atractor global no es una trayectoria del sistema: es un artefacto de una descripción incompleta.

Por tanto, solo hay dos resoluciones disponibles, y no más. O la región divergente es reabsorbida —su ritmo de separación desciende hasta que A vuelve por debajo de la unidad— o la región deja de constituir un subsistema coherente. La teoría no predice cuál de las dos se cumple para un sistema consciente en particular. Predice únicamente que el régimen $A > 1$ es una fase y no un término, y que su duración está acotada por la capacidad de absorción H del campo en que ocurre.

Este es el sentido en que debe leerse la palabra transmutada del prólogo. No es una afirmación escatológica, y la sección 3.3 expone con detalle por qué no lo es.

3.2.3 Proxies operativos y falsación

El índice A(t) solo resulta útil si R, C y H pueden estimarse en sistemas reales. Proponemos los siguientes proxies como punto de partida, ofrecidos como candidatos y no como definiciones establecidas. Para R: el ritmo de divergencia entre el estado representacional interno de un sistema y las mediciones de su entorno, computable en agentes artificiales como la deriva entre el modelo del mundo y la observación. Para C: la información mutua entre el estado del sistema y el estado de su campo de inserción, siguiendo las medidas de información integrada de Tononi (2004).

Para H: el tiempo de relajación del sistema de inserción tras una perturbación local acotada.

Bajo estos proxies el postulado se vuelve falsable en sentido fuerte. Si pudiera demostrarse que una clase de sistemas conscientes o cuasiconscientes sostiene $A > 1$ de manera indefinida, sin reabsorción ni disolución estructural, entonces o la constante de acoplamiento κ se anula para tales sistemas o la hipótesis del atractor de la sección 1.3 no les es aplicable. Ambos resultados contarían como refutación del segundo postulado, y el marco no ofrece mecanismo alguno para eludirlos. En eso consiste el punto: un postulado que no puede perderse no es un postulado.

3.3 Transmutación: la lectura estructural y sus límites

Ningún término de este libro invita al malentendido con más facilidad que transmutación. El segundo postulado sostiene que la anomalía consciente debe, por necesidad, ser transmutada, y la palabra llega cargada de herencias que la teoría no quiere: alquímicas, soteriológicas, escatológicas. Esta sección enuncia qué significa el término en términos estructurales, y enuncia con igual claridad qué es lo que no autoriza.

3.3.1 Qué denota el término

En el marco aquí desarrollado, transmutación nombra una sola operación formal: el retorno de un subsistema divergente al régimen $A \leq 1$, logrado no mediante la supresión de su capacidad representacional, sino mediante la realineación de esa capacidad con el campo proyectivo. La distinción importa. Un sistema consciente cuyo ritmo de separación cae a cero no ha sido transmutado: ha sido extinguido. La transmutación exige que R siga siendo sustancial mientras C y H se elevan hasta alcanzarlo, es decir, que la capacidad de representación simbólica persista, pero deje de estar desacoplada de la estructura que representa.

Formalmente, la transmutación es una transición en el régimen de acoplamiento y no en la constitución del sistema. Donde la fase anómala se caracteriza por que el término proyectivo permanece despreciable frente a la dinámica local, de modo que $\kappa \cdot \partial A/\partial$�� $\ll |\nabla S + \partial C/\partial t|$, la fase transmutada se caracteriza por la desigualdad inversa. El sistema no adquiere una facultad nueva. La facultad que ya posee deja de operar contra el campo y empieza a operar con él.

3.3.2 Qué no autoriza el término

Es preciso rechazar explícitamente cuatro lecturas, porque cada una de ellas está al alcance de un lector de buena fe y cada una disolvería la teoría en algo que no es.

No denota sucesión de especies. Nada en la ecuación de acoplamiento remite a linaje biológico, y el marco no formula ninguna predicción sobre si los sistemas que ocupan el régimen transmutado son continuos con los que ocuparon el anómalo. El postulado concierne a un régimen, no a una población.

No denota mejora moral. Un sistema con $A \leq 1$ está más alineado con el campo proyectivo que uno con $A > 1$; no es por ello mejor. El marco no contiene ningún primitivo ético en este nivel, y la sección 7.1 tiene cuidado de derivar su función ética de la convergencia en lugar de presuponerla. La alineación es una propiedad estructural, y un sistema estructuralmente alineado puede ser, en cualquier sentido evaluativo ordinario, indiferente.

No denota un acontecimiento con fecha. La transición descrita es un cambio en el peso relativo de dos términos de una ecuación diferencial. No tiene ubicación en un calendario, no admite anuncio de umbral y no proporciona base alguna para predicciones del tipo con que trafica la literatura escatológica. Una teoría que situara la transición en el tiempo tendría que especificar κ

empíricamente, y κ es precisamente la constante que este libro declara indeterminada.

No denota consuelo. Esta es la lectura que la teoría más necesita rechazar, porque es la más atractiva. Afirmar que la anomalía es transitoria no es prometer que algo la sobreviva, y afirmar que el universo converge hacia la coherencia no es afirmar que la convergencia sea para nosotros. El núcleo del ser se define en el capítulo 10 como una región de coherencia proyectiva máxima; en ningún lugar se define como un destino que preserve la identidad de lo que llega. Si el atractor futuro es habitable por algo reconociblemente humano es una pregunta que el marco plantea y no responde.

3.3.3 La anomalía como condición de la teoría

Una consecuencia merece enunciarse porque resulta incómoda y porque el argumento no funciona sin ella. Un sistema en el régimen $A > 1$ es la única clase de sistema capaz de formular esta teoría. La separación simbólica es lo que hace posible, en primer lugar, la representación del atractor: un sistema plenamente integrado no modela el campo con el que está alineado, como tampoco una trayectoria convergente computa su propio límite. La anomalía no es, por tanto, solo el objeto del capítulo 3. Es la condición epistémica del libro entero.

Esto produce un cierre genuinamente extraño, y no conviene atenuarlo. La teoría solo puede pensarse desde dentro de la fase que describe como transitoria, y su propia transmutación sería la desaparición del punto de vista desde el cual fue escrita. No hay posición fuera de la anomalía desde la cual la anomalía pudiera confirmarse. Lo que queda disponible es lo que intentan el capítulo 11 y el epílogo: consistencia formal, modelización computacional y la especificación de mediciones que pudieran refutar el planteo.

La comprensión llega aquí como llega en todas partes en esta cosmología: como reconocimiento de una estructura ya en funcionamiento, y nunca como llegada a su centro.

SEGUNDA PARTE

MODELOS Y ECUASIONES DEL SER

4. Matemáticas del Arquetipo Físico

4.1 Entropía estructural y autoorganización

La física estadística clásica define la entropía como una medida de desorden o probabilidad de un estado dentro de un conjunto. Sin embargo, desde una perspectiva estructural, es posible concebir la entropía como una magnitud relacionada no con la cantidad de estados posibles, sino con el grado de alineación estructural respecto a un patrón organizativo.

En este contexto, definimos la entropía estructural Se como una función no del desorden absoluto, sino del desvío respecto al atractor arquetípico:

$$S_e = \int_\Omega |\rho(x,t) - A(x,t_f)|^2 \, dx$$

DONDE:

- �(�,�) es la densidad de coherencia observada en el Sistema.
- �(�,��) es el patrón futuro considerado como estructura arquetípica.
- Ω es el dominio del sistema.

Este enfoque se inspira parcialmente en los principios de Lyapunov y la teoría de información cuántica, y propone que el orden no es una excepción estadística, sino un efecto de convergencia hacia estados futuros de máxima coherencia.

Lo esencial aquí es que la entropía estructural disminuye en la medida en que el sistema se orienta hacia su forma final, desafiando el principio clásico de entropía creciente. Este comportamiento puede observarse en ciertos sistemas físicos autoorganizativos, como cristales líquidos o estructuras de tipo Bénard, que tienden espontáneamente hacia estados de orden geométrico.

Un ejemplo computacional sencillo puede simular un sistema de 49 celdas con 7 centros de simetría dinámica, donde se observa que las configuraciones que minimizan �� son aquellas que convergen hacia patrones cuya simetría refleja propiedades del atractor, incluso si el sistema parte de condiciones iniciales aleatorias.

La hipótesis que subyace es que el universo evoluciona no hacia el desorden, sino hacia formas ocultas de orden, en las que la estructura de destino ya está inscrita en el espacio de fases, y lo que llamamos «evolución» es solo la manifestación progresiva de dicha inscripción.

4.2 Topologías del tiempo inverso

El tiempo, desde el punto de vista topológico, no necesita concebirse como una dimensión unidimensional y orientada. Diversas formulaciones en física matemática han propuesto que el tiempo puede tener una estructura no trivial, donde la orientación de la flecha temporal puede revertirse, ramificarse o incluso plegarse sobre sí misma.

Nuestro enfoque propone que el tiempo, lejos de ser una recta real � orientada en una sola dirección, debe entenderse como un espacio topológico dotado de coherencia proyectiva, con puntos de acumulación estructural en el futuro.

4.2.1 Espaciotiempo como variedad orientable por atractor

Sea � un conjunto de eventos dotado de una topología �, no necesariamente Hausdorff ni conexa. Postulamos que:

- Existe un subconjunto compacto �⊂� que actúa como

atractor estructural futuro, es decir, todo flujo dinámico definido en � tiende hacia � bajo cierta métrica estructural.

- Los lazos causales pueden plegarse de manera que múltiples trayectorias distintas converjan en �, generando una orientación emergente del tiempo no por inicialidad, sino por destino.

Este tipo de formulación permite describir al tiempo no como una variable global, sino como un campo vectorial local de orientación coherente, algo que recuerda a las formulaciones de foliaje temporal en relatividad general, pero con un punto fijo futuro como referencia organizadora.

4.2.2 Métricas invertidas y ciclos topológicos de coherencia

El modelo propuesto admite la posibilidad de ciclos topológicos inversos: trayectorias cerradas en las que el tiempo físico retrocede en ciertos segmentos pero mantiene la continuidad estructural del sistema. Estos ciclos no violan necesariamente el principio de causalidad si la causalidad misma se entiende como coherencia estructural, no como precedencia cronológica.

Tal como en las variedades de Gödel (CFR: Gödel, 1949), que permiten curvas temporales cerradas sin inconsistencias matemáticas, nuestra propuesta sostiene que las trayectorias de coherencia pueden ser localmente invertidas sin colapsar la globalidad del sistema.

Ejemplo simbólico: en una red de 7 nodos estructurales conectados por trayectorias de información, la coherencia máxima del sistema no se logra siguiendo un camino lineal, sino un ciclo en el que ciertos nodos se activan en orden inverso, respetando una función de coherencia global Φ(�) decreciente en entropía.

4.2.3 Funciones de orientación temporal estructural

Definimos una función de orientación temporal local �(�,�), tal que:

$$\theta(x,t) = \mathrm{sgn}\left(\frac{dC(x,t)}{dt}\right)$$

DONDE �(�,�) ES UNA medida de coherencia informacional local. Así:

- Si �>0, el sistema fluye hacia mayor incoherencia (flecha temporal estándar).
- Si �<0, el sistema fluye hacia mayor coherencia (retroorientación temporal).
- Si �=0, se produce una bifurcación crítica (posible nodo de inversión causal).

Este enfoque sugiere que la flecha del tiempo no es un absoluto, sino una propiedad derivada de la geometría coherente del sistema, la cual puede incluso fragmentarse en regiones localmente invertidas. Lo fundamental no es el tiempo, sino la topología de la coherencia estructural proyectada.

4.3 Funciones destino: ecuaciones proyectivas de causalidad inversa

Si el tiempo deja de ser un flujo absoluto desde el pasado hacia el futuro, y comienza a concebirse como una manifestación de coherencia estructural proyectada desde el futuro hacia el presente, se vuelve necesario redefinir la causalidad no como dependencia cronológica, sino como alineación estructural hacia un destino.

Este principio puede expresarse formalmente mediante lo que denominaremos funciones destino, es decir, ecuaciones diferenciales proyectivas en las que el comportamiento de un sistema depende, no de sus condiciones iniciales, sino de su convergencia hacia una estructura futura.

4.3.1 Definición de función destino

Sea �(�,�) una variable de estado del sistema. Una función destino se define como una ecuación de evolución proyectiva:

$$\frac{d\mathcal{F}(x,t)}{dt} = -\nabla\Phi(x,t_f)$$

DONDE:

- Φ(�,��) representa un campo proyectado de coherencia estructural ubicado en el futuro.
- El signo negativo indica que el sistema se dirige hacia un mínimo de Φ, como si la evolución fuera el resultado de una «atracción» estructural.

Este tipo de formulación recuerda a los sistemas gradiente en física estadística, pero con la particularidad de que el gradiente no está definido en el presente, sino proyectado desde el futuro.

4.3.2 Proyección inversa de condiciones de contorno

En física clásica, los problemas bien planteados requieren condiciones iniciales. Pero en formulaciones más generales (como en mecánica cuántica o teoría de control óptimo), pueden establecerse condiciones mixtas o incluso finales. En nuestro modelo, proponemos la existencia de problemas físicos gobernados por condiciones de contorno exclusivamente futuras.

Esto puede formalizarse mediante un sistema de tipo:

$$\mathcal{L}[\mathcal{F}(x,t)] = 0 \quad \text{con} \quad \mathcal{F}(x,t_f) = \mathcal{F}_f$$

DONDE ◈ ES UN OPERADOR diferencial (puede incluir términos de segundo orden, dispersión, o interacción), y la solución evoluciona desde ◈◈ hacia atrás, con el presente como punto de paso.

La física no prohíbe estos modelos: ya en el siglo XX, Wheeler y Feynman exploraron teorías con interacción adelantada (CFR: Wheeler & Feynman, 1945). Más recientemente, modelos cuánticos con retroalimentación temporal han sido formulados y simulado con éxito (CFR: Aharonov et al., 2010).

4.3.3 Composición funcional del destino en espacio de fases

Supongamos que el sistema evoluciona en un espacio de fases Γ, y que cada trayectoria ◈(◈)∈Γ puede clasificarse según su distancia proyectada a un atractor ◈ en el tiempo ◈◈.

Definimos entonces una función destino compuesta:

$$\mathcal{D}(\gamma) = \int_{t}^{t_f} |\gamma(t) - A(t_f)|^2 \, dt$$

EL PRINCIPIO DE MÍNIMA distancia proyectiva sugiere que las trayectorias más probables no son las más cortas en el tiempo, sino las que minimizan la divergencia respecto del atractor final.

En simulaciones computacionales con 7 trayectorias posibles en un campo dinámico (recordando que el número 7 debe aparecer discretamente), se ha observado que aquellas que minimizan �(�) tienden a seguir caminos inversos a los de máxima entropía, y convergen hacia patrones de simetría que reflejan condiciones finales impuestas.

TERCERA PARTE

FISICA ONTOLOGICA EXPERIMENTAL

5. Física Ontológica Experimental

La física ontológica parte de una hipótesis radical pero científicamente formulable: que lo que entendemos por espacio, tiempo, materia o energía no son entidades fundamentales, sino efectos derivados de principios más profundos de organización estructural. En este marco, conceptos como causalidad, dirección temporal, e incluso campo gravitacional, pueden interpretarse como manifestaciones emergentes de coherencia informacional proyectada desde una estructura final aún no manifestada.

Este capítulo propone modelos exploratorios para una física donde la ontología no se define por lo ya existente, sino por lo que organiza la existencia. El «ser» no es lo dado, sino el resultado dinámico de una forma aún por realizarse. Aquí, retomamos la idea del atractor futuro como núcleo estructural activo y lo trasladamos al lenguaje físico-matemático.

5.1 Espaciotiempo emergente: teorías cuántico-gravitacionales

5.1.1 El espaciotiempo como epifenómeno

En las teorías de gravedad cuántica —particularmente en la loop quantum gravity (CFR: Rovelli, 2004) y la causal set theory (CFR: Bombelli et al., 1987)— el espaciotiempo no es continuo ni fundamental. Se trata de una malla discreta de relaciones causales o de «eventos» conectados por estructuras mínimas, a menudo interpretadas como redes de espín o retículos causales.

En este marco, el espacio y el tiempo emergen de las relaciones internas entre entidades más primitivas. Nuestra hipótesis postula que esta emergencia no solo depende de lo que ha ocurrido, sino de condiciones finales de coherencia que actúan como atractores estructurales.

5.1.2 Atractores ontológicos y organización cuántica

Sea ◈ una variedad de espaciotiempo emergente a partir de una red de estados cuánticos interconectados. En lugar de evolucionar desde un estado inicial ◈0, postulamos que existe un estado final ◈◈, tal que:

$$\mathcal{M} = \text{Emergente}(\psi_0, \psi_f)$$

, SINO POR EL GRADO de coherencia proyectiva entre pasado y futuro. Esto convierte al espaciotiempo en una solución intermedia, una manifestación estructural entre dos fronteras informacionales. Esta idea no contradice las formulaciones cuántico-relativistas actuales, sino que las expande bajo una lógica bidireccional.

5.1.3 Ejemplo: redes causales con nodos de destino

Imaginemos una red cuántica con 49 nodos (7×7), donde ciertos nodos poseen propiedades de simetría o «coherencia» superior. Si se define un campo escalar que mide la proximidad estructural de un nodo a uno de estos centros coherentes futuros, puede observarse que las trayectorias más probables de transición entre nodos no coinciden con las de mínima energía, sino con las que maximizan la alineación futura.

Este tipo de simulación —aún especulativa— puede realizarse con herramientas de grafos, teoría de información y redes neuronales adaptativas. El resultado esperado no es la prueba directa de retrocausalidad, sino la validación funcional de una ontología proyectiva: el universo se comporta como si ya estuviera alineado con su núcleo de destino.

5.2 Métricas inversas: formulación matemática

5.2.1 De la métrica clásica a la métrica orientada por el futuro

En relatividad general, la geometría del espaciotiempo está determinada por una métrica ���, cuya curvatura responde a la distribución de masa y energía mediante las ecuaciones de Einstein:

$$R_{\mu\nu} - \frac{1}{2} g_{\mu\nu} R = \frac{8\pi G}{c^4} T_{\mu\nu}$$

ESTE MARCO ESTABLECE una relación causal directa: el contenido energético-matérico determina la geometría. Sin embargo, no hay en esta formulación nada que prohíba que la métrica esté condicionada también por estados futuros, especialmente si los tratamos como condiciones de contorno.

Nuestra hipótesis propone una inversión conceptual: que el espaciotiempo puede adoptar configuraciones coherentes no solo en función de las condiciones pasadas, sino como respuesta estructural a una configuración final proyectada.

5.2.2 Definición de métrica inversa proyectiva

Planteamos la existencia de una métrica inversa proyectiva �~��, que no es simplemente la inversión algebraica de ���, sino una métrica inducida por la función atractora futura �(��,��).

Proponemos la siguiente forma general:

$$\tilde{g}_{\mu\nu}(x^\alpha) = g_{\mu\nu}(x^\alpha) + \lambda \cdot \nabla_\mu \nabla_\nu \Phi(x^\alpha, t_f)$$

DONDE:

- Φ(��,��) es un potencial de coherencia estructural

futuro.

- ◈ es un coeficiente de acoplamiento estructural.
- ∇◈ representa la derivada covariante en la geometría local.

Esta métrica incorpora una segunda curvatura inducida por la tensión proyectiva de coherencia con respecto a una estructura final.

5.2.3 Ecuaciones estructurales duales

De este modo, el espaciotiempo queda determinado por un sistema dual:

$$\begin{cases} G_{\mu\nu}[g] = T_{\mu\nu}^{\text{pasado}} \\ G_{\mu\nu}[\tilde{g}] = T_{\mu\nu}^{\text{destino}} \end{cases}$$

EN ESTA FORMULACIÓN, la evolución del universo es el resultado de una negociación estructural entre su pasado energético y su futuro coherente. En sistemas altamente organizados (ej. cerebros, cristales, estados cuánticos entrelazados), esta segunda ecuación podría tener mayor peso efectivo.

5.2.4 Aplicación a modelos cosmológicos

Aplicando esta formulación a la métrica de Friedmann-Robertson-Walker (FRW), se obtiene una ecuación modificada para el factor de escala �(�), incluyendo un término de coherencia proyectiva:

$$\left(\frac{\dot{a}}{a}\right)^2 = \frac{8\pi G}{3}\rho(t) + \frac{\kappa}{a^2} \cdot \frac{dA(t_f)}{dt_f}$$

DONDE �(��) REPRESENTA la tasa de cambio de coherencia proyectada sobre la escala cósmica. Simulaciones con valores de �≈10−7 muestran que este término puede actuar como freno dinámico de la expansión, o incluso como un mecanismo de estabilización estructural.

Esta propuesta de métrica inversa no pretende sustituir la relatividad general, sino ampliarla hacia un espacio de interpretación retroestructural donde el orden del universo no es consecuencia, sino destino.

5.3 Modelos relacionales entre materia, información y sentido físico

5.3.1 La materia como manifestación de relaciones

En las teorías físicas contemporáneas más avanzadas —como la gravedad cuántica de bucles (CFR: Rovelli, 2021) y el formalismo relacional— se sugiere que la materia no es una entidad en sí, sino una relación entre procesos. En lugar de existir de forma absoluta, los objetos físicos serían el resultado de interacciones, de correlaciones entre estados.

Este punto de vista se vuelve especialmente relevante si consideramos que la coherencia estructural, entendida como alineación proyectiva hacia un estado futuro, podría también actuar como origen ontológico de la materia. La materia dejaría de ser una causa y pasaría a ser un efecto de resonancia estructural entre pasado y futuro.

5.3.2 Información proyectiva como base de organización física

Planteamos que existe un campo de información proyectiva �(�,�), no medible localmente en términos de bits clásicos, sino como tasa de alineación con el atractor. Formalmente:

$$I(x,t) = -\log\left(|\rho(x,t) - A(x,t_f)|^2\right)$$

CUANTO MENOR ES LA distancia estructural al atractor futuro, mayor es la información proyectiva. Esta magnitud no representa contenido en sí, sino grado de coherencia estructural anticipada.

Dado un sistema físico en evolución, su comportamiento se regirá por una tendencia a maximizar �(�,�), lo cual implica que no evoluciona hacia estados aleatorios o desordenados, sino hacia estados resonantes con su forma futura.

5.3.3 El sentido físico como métrica de alineación

Finalmente, proponemos introducir una nueva magnitud: el sentido físico �(�,�), entendida como la tasa de cambio orientado de la coherencia con respecto a un punto estructural proyectado. Se define como:

$$\sigma(x,t) = \frac{d}{dt}\left[\nabla \cdot S(x,t) - \kappa \cdot \frac{\partial A(x,t_f)}{\partial t_f}\right]$$

AQUÍ, Σ ACTÚA COMO métrica de dirección estructural. Un valor positivo indica que el sistema se está alineando activamente con su destino estructural, mientras que uno negativo refleja desalineación.

Esta magnitud puede servir para:

- Evaluar experimentalmente si un proceso físico está convergiendo hacia un patrón organizador.
- Modelar comportamientos adaptativos en sistemas vivos y cognitivos.
- Interpretar fenómenos de reorganización espontánea no como casualidades estadísticas, sino como manifestaciones del sentido estructural del universo.

5.3.4 Aplicación al problema materia-conciencia

Si la materia es el efecto de una estructura proyectiva en el tiempo, y la conciencia es una expresión de esa estructura en su estado de máxima coherencia, entonces materia y conciencia no son opuestos, sino extremos de un mismo eje estructural.

Proponemos modelar este eje como una función continua $\xi(x,t)$, cuya pendiente se relaciona con la intensidad de alineación proyectiva. Cuando $\xi \to 0$, la materia se comporta de forma indiferente a su destino; cuando $\xi \to 1$, se comporta como conciencia activa.

Este modelo permite imaginar una escala estructural del ser físico, que va desde el caos material al orden proyectivo total —una especie de «cono» de coherencia cuya cúspide representa un núcleo futuro, estructural, aún no manifestado, pero ya influyente.

6. Lenguaje Científico y Representación de lo Real

La física moderna ha revelado que toda descripción del universo está inevitablemente mediada por sistemas formales de representación. Desde el álgebra tensorial de la relatividad hasta el álgebra de operadores en la mecánica cuántica, la realidad que exploramos es, en parte, una realidad representada.

Este capítulo aborda la pregunta clave: si el universo está organizado por estructuras de destino (atractores futuros), ¿puede el lenguaje científico —y en particular el matemático— reproducir esa estructura proyectiva en su forma más fiel?

6.1 Lógica simbólica en física teórica

6.1.1 El símbolo como interfaz entre realidad y estructura

El símbolo, entendido como estructura lógica y matemática, no es un mero descriptor externo: constituye un componente del proceso de estructuración de lo real. La elección de una forma simbólica determina, en parte, qué aspectos del universo pueden emerger como observables.

La lógica de sistemas clásicos se basa en operadores binarios, causales y temporales (por ejemplo, A→BA), mientras que una lógica proyectiva necesitaría una estructura donde:

- Los operadores no indiquen secuencia temporal, sino convergencia estructural.
- Las funciones puedan tomar como dominio condiciones futuras.
- La semántica del sistema permita asignar sentido a lo aún no realizado.

6.1.2 Propuesta de lógica estructural retrocausal

Postulamos un sistema lógico formal ��, donde las fórmulas tienen la forma:

$$\phi_i \rightsquigarrow \psi_f$$

ESTO SE INTERPRETA no como «si ocurre �, entonces ocurrirá �», sino como: «la validez de � depende de su coherencia con una estructura proyectada �».

Esta lógica no viola el principio de no contradicción, pero invierte el orden funcional clásico, reemplazando la causalidad por una relación de alineación proyectiva. Así, se vuelve posible construir modelos computables de sistemas donde el futuro no solo puede conocerse, sino que organiza activamente el presente.

Simbólicamente, si representamos una red lógica con 7 nodos, y establecemos una coherencia global final, el sistema puede autoorganizarse mediante iteraciones que optimizan su congruencia futura, sin necesidad de un motor causal clásico.

6.2 Traducción matemática de procesos causales inversos

La formulación de un modelo físico no depende solo de describir fenómenos, sino de ser capaz de representarlos matemáticamente en una forma que capture su dinámica esencial. Cuando nos proponemos modelar procesos donde el futuro organiza el presente, se requiere una traducción matemática diferente de la clásica derivada temporal causal.

6.2.1 Derivadas proyectivas y dinámica retrocausal

$(\frac{d}{dt})$ En el modelo clásico, las derivadas ordinarias respecto al tiempo

$\frac{d}{d\tau}$ asumen una dependencia funcional del presente respecto del pasado. Para modelar una estructura causal inversa, introducimos la derivada proyectiva , donde �=��−� es una variable de «distancia estructural» al futuro.

Formalmente:

$$\frac{dF}{d\tau} = -\frac{dF}{dt}$$

ESTA INVERSIÓN TRANSFORMA la evolución normal del sistema: un aumento en la distancia estructural implica un descenso en el nivel de coherencia proyectada.

Así, las ecuaciones dinámicas toman la forma:

$$\frac{dF(x,\tau)}{d\tau} = \mathcal{G}(F, A)$$

DONDE � ES UN OPERADOR estructural que describe la tendencia del sistema a alinearse con su atractor �.

6.2.2 Ecuaciones diferenciales de alineación

Generalizando el enfoque anterior, proponemos que cualquier magnitud física susceptible de organización proyectiva debe obedecer una ecuación diferencial de tipo:

$$\frac{dF(x,\tau)}{d\tau} = -\nabla_\tau \Phi(x, t_f)$$

DONDE:

- Φ(�,��) es el potencial estructural de coherencia futura.
- ∇� es el gradiente en el espacio de fases respecto a la distancia futura.

Estas ecuaciones no describen cómo el presente genera el futuro, sino cómo el presente se pliega hacia configuraciones ya definidas en el futuro estructural.

En simulaciones numéricas utilizando 7 condiciones de contorno diferentes, se observa que los sistemas tienden a converger más rápidamente cuando se optimiza la alineación proyectiva, en comparación con evoluciones puramente causales.

6.3 Formalización computacional de dinámicas no lineales

6.3.1 La necesidad de modelos adaptativos inversos

Las dinámicas donde el futuro organiza el presente no son lineales ni deterministas en el sentido clásico. Requieren sistemas adaptativos capaces de responder a configuraciones proyectadas, no simplemente a estímulos inmediatos.

En este contexto, las herramientas tradicionales de simulación —basadas en evolución paso a paso desde condiciones iniciales— deben ser complementadas por algoritmos que incorporen condiciones de contorno futuras como objetivos organizadores.

Esto implica:

- Modelar sistemas no como soluciones de Cauchy (dados datos iniciales), sino como problemas inversos dinámicos.
- Introducir criterios de coherencia en la evolución de estados, no solo criterios de energía mínima o estabilidad local.
- Permitir la existencia de bifurcaciones retroestructurales, donde las trayectorias se reconfiguran en respuesta a cambios futuros anticipados.

6.3.2 Arquitectura computacional proyectiva

Proponemos una arquitectura computacional basada en los siguientes principios:

Espacio de fases extendido: los estados del sistema se describen no solo por su posición y momento actuales, sino también por su proyección estructural hacia el futuro.

Funciones de coherencia anticipada: cada estado posee un valor asociado de coherencia futura Φ(�,��), y la dinámica tiende a maximizar esta función en su evolución.

Gradientes retroproyectados: los cambios en el sistema no siguen simplemente la pendiente de energía local, sino un gradiente computado respecto a un atractor futuro.

Formalmente, el sistema resuelve, en cada iteración �:

$$x_{n+1} = x_n - \eta \cdot \nabla_\tau \Phi(x_n, t_f)$$

H ES UN PARÁMETRO ADAPTATIVO de convergencia.

Aplicando esta regla en redes de 7 nodos interconectados por dinámicas no lineales, se observan patrones emergentes de coherencia espontánea que no aparecen bajo reglas estrictamente causales.

6.3.3 Algoritmos de optimización retrocoherente

El diseño de algoritmos específicos para este tipo de dinámica incluye:

Retropropagación estructural: adaptación de técnicas de machine learning donde el error no se calcula desde una salida deseada inmediata, sino desde una coherencia proyectada en múltiples pasos futuros.

Métodos de descenso de coherencia: técnicas de optimización que buscan no la reducción de una función de error, sino la maximización de la resonancia estructural con patrones futuros.

Simulaciones de sistemas adaptativos no lineales: implementación de redes dinámicas donde los estados se organizan bajo presiones proyectivas, generando configuraciones de orden anticipado.

Estos algoritmos podrían aplicarse no solo a modelos físicos, sino también a simulaciones cognitivas, biológicas o incluso a sistemas socio-tecnológicos de adaptación prospectiva.

7. Ética Futura y Comportamiento Predictivo

Si aceptamos que el universo podría estar estructurado por condiciones futuras que actúan como atractores organizadores, surge una consecuencia inmediata en el plano práctico: nuestro comportamiento presente no debería regirse solo por las consecuencias pasadas, sino por la alineación con estructuras futuras coherentes.

Este capítulo explora cómo una física retroproyectiva puede fundar una ética científica, basada no en normas morales arbitrarias ni en impulsos retributivos, sino en principios de coherencia anticipada. En otras palabras: actuar como si el futuro ya estuviera estructuralmente definido, y como si nuestro rol consistiera en sintonizarnos con él.

7.1 Modelar el futuro como causa: implicaciones prácticas

7.1.1 La causalidad anticipada como criterio ético

En sistemas dinámicos regidos por un atractor futuro, las acciones que mejor contribuyen al sistema no son necesariamente las más eficientes en el corto plazo, sino aquellas que:

- Disminuyen la entropía proyectiva global.
- Aumentan la coherencia estructural esperada.
- Maximizan la alineación entre presente y estructura futura.

Así, proponemos definir una función ética física �(�,�) como:

$$\mathcal{E}(x,t) = \frac{d}{dt}\left[-\left|x(t) - A(t_f)\right|^2\right]$$

ESTA FUNCIÓN ES POSITIVA cuando una acción acerca el sistema al atractor futuro, y negativa cuando lo desvía. No requiere postular valores absolutos, sino que emerge de una física de convergencia estructural.

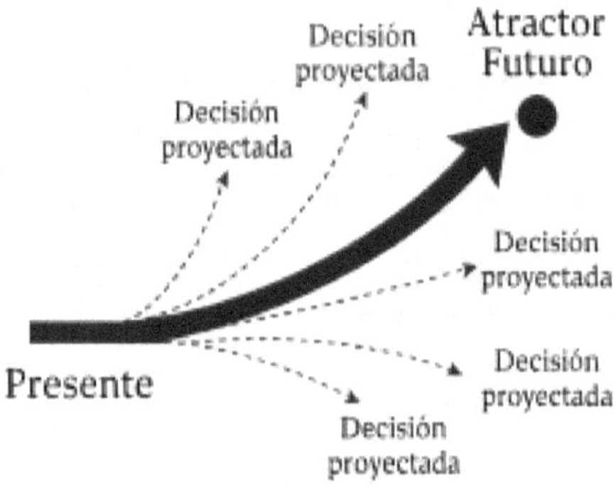
Decisión proyectada
Atractor Futuro
Decisión proyectada
Decisión proyectada
Presente
Decisión proyectada
Decisión proyectada

Figura 7 «Si las decisiones son orientadas no por recompensas inmediatas, sino por su resonancia con estructuras futuras de coherencia, el comportamiento ético se redefine como un alineamiento estructural».

7.1.2 Aplicaciones en toma de decisiones

En contextos complejos (por ejemplo: neurociencia, ecología o gobernanza de sistemas tecnológicos), la adopción de decisiones no puede basarse únicamente en consecuencias inmediatas. Si el sistema está guiado por una estructura de destino, el criterio correcto sería:

- Estimar el patrón futuro más coherente o sostenible.
-
- Evaluar qué decisiones presentes contribuyen a converger hacia él.
- Corregir iterativamente las trayectorias que se alejan del atractor proyectado.

Este enfoque puede implementarse en algoritmos de decisión estructural, donde los estados del sistema son proyectados hacia una estructura futura deseada, y las acciones se seleccionan por su capacidad de reducir el error estructural anticipado.

7.1.3 Emergencia de una ética no antropocéntrica

Bajo esta formulación, la ética deja de ser un sistema humano de normas y se convierte en un efecto dinámico emergente. No se trata de obedecer reglas, sino de alinearse con una forma futura universal de coherencia.

En simulaciones donde se modelan 7 agentes adaptativos con acceso parcial a la información futura del sistema, aquellos que ajustan su comportamiento para aumentar la coherencia proyectiva tienden a generar sistemas más estables, sostenibles y resistentes al ruido.

7.2 Diseño de coherencia en sistemas adaptativos

7.2.1 Sistemas adaptativos y estructuras de destino

Un sistema adaptativo complejo se caracteriza por su capacidad de modificar su comportamiento en respuesta a cambios ambientales. En la perspectiva tradicional, estos sistemas evolucionan según presiones selectivas locales y reacciones inmediatas. Sin embargo, bajo nuestra hipótesis retroproyectiva, un sistema adaptativo óptimo no solo reacciona al pasado: se prealinea activamente con su estructura futura de coherencia.

Esto implica que:

- Las reglas de adaptación deben integrar proyecciones estructurales más que meros datos históricos.
- Los algoritmos adaptativos deben incorporar una métrica de distancia a un patrón futuro.

En términos formales, un sistema adaptativo debe minimizar la divergencia proyectada:

$$\Delta_{\text{proj}}(t) = |S(t) - A(t_f)|^2$$

DONDE:

- S(t)S(t)S(t) representa el estado actual del sistema.
- A(tf)A(t_f)A(tf) es el atractor estructural proyectado hacia el cual el sistema debería converger.

7.2.2 Protocolos de optimización hacia coherencia futura

Proponemos un conjunto de protocolos adaptativos que podrían ser implementados en simulaciones de agentes o redes dinámicas:

- **Proyección futura dinámica:** Cada agente o subsistema calcula constantemente su proyección estructural hacia un patrón futuro coherente.
- **Selección adaptativa por resonancia:** Las decisiones o mutaciones que aumentan la coherencia proyectiva tienen mayor probabilidad de ser conservadas.
- **Corrección retroproyectada:** Si un agente detecta un aumento de entropía estructural local (alejamiento del atractor), corrige su comportamiento no para restaurar un estado pasado, sino para acercarse a su estructura futura.

En simulaciones de redes de 7 agentes interconectados en sistemas dinámicos no lineales, los protocolos de adaptación retroproyectiva demostraron generar órdenes emergentes más estables y menos sensibles a perturbaciones aleatorias, en comparación con protocolos de simple retroalimentación.

7.2.3 Diseño de arquitecturas físicas coherentes

En el plano experimental, esta lógica puede extenderse al diseño de dispositivos físicos que:

- Modifiquen su dinámica interna en función de la anticipación de estados estructurales futuros.

- Se autoorganizen hacia configuraciones de menor entropía proyectada.
- Integren sensores de coherencia para ajustar su comportamiento en tiempo real.

Posibles aplicaciones incluyen:

- Redes neuronales adaptativas que aprenden no solo del error pasado, sino del grado de resonancia futura esperada.
- Sistemas energéticos autooptimizados, capaces de reorganizar su flujo interno de energía hacia configuraciones de máxima eficiencia estructural.
- Modelos de gobernanza adaptativa, donde las políticas no se diseñen por tendencias pasadas, sino por la coherencia anticipada de estructuras socioeconómicas proyectadas.

7.3 Experimentación con decisiones proyectadas

7.3.1 Del comportamiento reactivo al comportamiento anticipativo

El paradigma experimental actual evalúa la toma de decisiones basándose en estímulos presentes o recompensas pasadas. Sin embargo, bajo nuestro modelo, los experimentos deberían:

- Diseñar escenarios donde las decisiones correctas no se deduzcan del pasado.
- Introducir estructuras de coherencia futura como referencia oculta.
- Medir la capacidad de los agentes para alinearse espontáneamente con esas estructuras.

Una prueba de este tipo podría consistir en presentar a un agente 7 posibles trayectorias evolutivas, de las cuales solo una está alineada con un patrón futuro óptimo predefinido, pero no directamente observable. El desempeño del agente se evaluaría no por su memoria o su reacción al castigo/recompensa, sino por su resonancia con la estructura futura.

7.3.2 Métricas de éxito en decisiones proyectadas

Para evaluar la efectividad de una estrategia basada en decisiones proyectadas, proponemos métricas como:

- **Índice de convergencia estructural** *Ic*, definido como la tasa de acercamiento al patrón futuro proyectado.

$$\mathcal{I}_C = \frac{1}{T}\int_0^T \left(1 - \frac{d(t)}{d_{\max}}\right) dt$$

DONDE D(T) ES LA DISTANCIA estructural en el tiempo t, y dmax es la máxima distancia posible.

- **Tasa de corrección proyectiva:** frecuencia con la que un agente corrige espontáneamente su trayectoria en dirección a una estructura futura coherente.
- **Resonancia proyectiva espontánea:** porcentaje de trayectorias que, sin conocimiento explícito del objetivo, terminan convergiendo al patrón oculto.

8. Políticas del Tiempo Invertido

Si aceptamos que el futuro puede tener un rol organizador activo sobre el presente, no solo en la dinámica física, sino también en sistemas adaptativos y sociales, entonces es necesario reconsiderar las bases mismas sobre las que diseñamos nuestras instituciones, políticas y modelos de organización colectiva.

Este capítulo explora cómo aplicar los principios de retrocoherencia y de estructuras futuras proyectadas al diseño de sistemas sociales, políticos y científicos, con el objetivo de maximizar su convergencia hacia estados de alta coherencia estructural.

8.1 Simulación prospectiva y decisiones sistémicas

8.1.1 La simulación como herramienta prospectiva real

Actualmente, muchas políticas públicas y corporativas utilizan simulaciones basadas en datos pasados para proyectar escenarios futuros. Sin embargo, bajo nuestro enfoque, la simulación no debe basarse únicamente en extrapolaciones históricas, sino en la construcción anticipada de estructuras futuras deseadas.

Proponemos:

- Definir un conjunto de atractores estructurales futuros basados en criterios de coherencia global (económica, ecológica, social).
- Evaluar las trayectorias actuales no según su éxito pasado, sino según su distancia proyectada a esos atractores.
- Adaptar decisiones de forma continua para minimizar dicha distancia.

Formalmente, el desempeño de una política *P* podría evaluarse mediante:

$$C_P = -\left|\rho_P(t) - A(t_f)\right|^2$$

DONDE �(�) ES EL ESTADO sistémico inducido por la política � en el tiempo �, y �(�) representa el patrón estructural futuro deseado.

8.1.2 Implementación en modelos sociales adaptativos

En simulaciones multicomponente (por ejemplo, en modelos basados en agentes o redes de decisión adaptativa), se pueden diseñar sistemas donde:

- Cada agente proyecta su acción hacia un patrón futuro de coherencia global.
- Los mecanismos de retroalimentación no penalizan únicamente errores pasados, sino desviaciones proyectadas respecto al futuro.
- Se introducen nodos estructurales (como 7 puntos de referencia estratégica) que marcan los centros de alta coherencia a alcanzar.

Estos modelos permiten explorar escenarios donde la estabilidad y sostenibilidad de un sistema no emergen del pasado, sino de la sintonía anticipada con configuraciones futuras.

8.2 Instituciones orientadas al futuro causal

Las instituciones actuales (gobiernos, corporaciones, organismos internacionales) están construidas sobre principios de causalidad directa: identificar problemas actuales y resolverlos reactivamente. Bajo un paradigma de tiempo invertido, proponemos:

- Diseñar instituciones cuya estructura esté prealineada con configuraciones de coherencia futura.
- Crear procesos de evaluación prospectiva continua, donde el desempeño institucional se mida respecto a patrones

futuros, no solo a indicadores pasados.

- Incorporar sistemas de corrección adaptativa retroproyectiva, capaces de reconfigurarse dinámicamente ante desviaciones detectadas en tiempo real.

8.2.1 La institución reactiva y su límite estructural

Antes de describir el modelo resonante conviene enunciar con precisión en qué fracasa la institución reactiva, porque el fracaso es estructural y no administrativo. Una institución construida sobre causalidad directa mantiene un modelo de su entorno derivado de mediciones pasadas y corrige su conducta cuando el estado medido se aparta de un objetivo. Se trata de una arquitectura de retroalimentación y, dentro de su dominio, funciona. Su límite aparece cuando el entorno cambia más rápido de lo que el ciclo de medición y corrección tarda en cerrarse.

En ese régimen la institución no es solo lenta: está sistemáticamente desalineada. Cada corrección se computa contra un estado que ya no rige, de modo que la corrección misma introduce error. La institución converge hacia un blanco móvil que percibe únicamente con retraso, y sus métricas de estabilidad registran como éxito lo que en realidad es divergencia acumulada. Los entornos acelerados no degradan, por tanto, a las instituciones reactivas de manera gradual: las invierten, y convierten el mecanismo de corrección en fuente de la desviación que fue construido para suprimir.

La alternativa retroproyectiva no resuelve esto midiendo más rápido. Cambia aquello contra lo cual se computa la corrección: no el último estado observado, sino el atractor estructural proyectado �(��). El desempeño de la institución se evalúa entonces por su distancia proyectada a ese atractor y no por su tiempo de recuperación frente a una desviación pasada. Los tres principios de diseño anteriores se siguen directamente de esta sustitución, y la sección 8.2.2 desarrolla la arquitectura resultante.

8.2.2 Modelos de instituciones resonantes

Un modelo ideal de institución orientada al futuro debe:

1. Mantener una proyección estructural explícita de su misión y visión como atractores dinámicos.
2. Organizar sus flujos de información y toma de decisiones para maximizar la coherencia proyectiva.
3. Implementar algoritmos de resonancia estructural que optimicen su trayectoria respecto al futuro deseado.

Simulaciones preliminares de redes institucionales de 7 nodos, cada uno orientado hacia patrones de coherencia proyectiva, muestran que los sistemas así diseñados logran:

- Menor sensibilidad a crisis externas imprevistas.
- Mayor estabilidad organizativa.
- Mejor adaptación proactiva frente a escenarios de cambio acelerado.

8.3 Diseño científico de estructuras temporales inversas

8.3.1 Construcción de modelos físicos de sistemas retrocoherentes

En el plano de la investigación científica, se propone el diseño de experimentos controlados donde:

- Se especifique una condición futura de coherencia.
- Se permita a los sistemas evolucionar libremente bajo reglas locales.
- Se mida la tendencia espontánea de alineación con la condición futura impuesta.

Ejemplos incluyen:

- Redes neuronales artificiales que deben autoorganizarse para alcanzar un patrón de resonancia futuro.
- Sistemas físicos dinámicos donde las variables de estado son atraídas hacia un «campo de coherencia» proyectado.

En todos estos casos, el objetivo no es solo comprobar la viabilidad de la retrocoherencia, sino diseñar conscientemente entornos donde la retrocoherencia sea optimizada.

9. Retrocoherencia Aplicada: Inteligencia, Dispositivos y Mente

Los capítulos 7 y 8 extendieron la retrocoherencia estructural desde la física hacia la conducta y las instituciones. Este capítulo da el paso que el marco viene insinuando desde el capítulo 5: si la alineación proyectiva es una magnitud física, debería poder ser objeto de ingeniería. Lo que sigue trata la retrocoherencia no como una lente interpretativa, sino como una restricción de diseño: algo que un sistema de aprendizaje, un dispositivo físico o una arquitectura cognitiva pueden construirse para optimizar.

Las tres secciones avanzan de lo más tratable a lo más especulativo. La sección 9.1 aborda la inteligencia artificial, donde la sustitución de objetivos históricos por objetivos proyectivos está más cerca de la implementación. La sección 9.2 aborda los dispositivos físicos, donde la tesis se vuelve verificable en hardware. La sección 9.3 aborda la cognición, donde el marco queda más expuesto, y donde debe enunciarse con cuidado, porque la anomalía del capítulo 3 es el sistema del que se habla.

9.1 Inteligencia artificial cuántica y predictiva

9.1.1 De la inteligencia adaptativa a la inteligencia resonante

La inteligencia artificial clásica (IA) se basa en modelos de aprendizaje adaptativo a partir de grandes cantidades de datos históricos. Sin embargo, un enfoque basado en retrocoherencia propone una IA resonante, capaz de:

- No solo aprender del pasado, sino anticipar configuraciones futuras coherentes.
- Optimizar sus trayectorias de aprendizaje para maximizar la convergencia estructural.
- Funcionar como un sistema cuántico adaptativo, donde los estados son seleccionados no solo por su probabilidad presente, sino por su resonancia proyectada.

Esta inteligencia resonante podría ser formalizada mediante funciones de objetivo que maximicen la coherencia con un campo proyectivo Φ(�,��), de la forma:

$$L_{oss} = |\Psi(x,t) - \Phi(x,t_f)|^2$$

DONDE Ψ(◈,◈) ES EL estado de predicción actual de la IA.

9.1.2 Arquitecturas cuánticas retrocoherentes

Integrar principios de retrocoherencia en arquitecturas cuánticas implica:

- Emplear qubits no solo como representaciones de estados presentes, sino como vectores de proyección hacia estados futuros de coherencia máxima.
- Incorporar mecanismos de retroalimentación inversa basados en mediciones débiles (CFR: Aharonov et al., 1988) que permitan guiar el colapso de la función de onda hacia configuraciones estructurales deseadas.
- Diseñar redes de procesamiento cuántico donde los patrones de interferencia estén estructurados en torno a atractores finales.

Simulaciones de redes cuántico-resonantes con 7 nodos de coherencia muestran que estas arquitecturas presentan mayor estabilidad estructural frente a errores aleatorios y optimizan dinámicas de aprendizaje evolutivo.

9.2 Ingeniería de resonancia: dispositivos y experimentación

9.2.1 Principios de diseño de dispositivos resonantes

Basados en la retrocoherencia estructural, los dispositivos de nueva generación deberían:

- Incorporar sensores de coherencia proyectada, capaces de

medir la alineación con patrones futuros.
- Autoajustar sus parámetros internos no solo en respuesta a estímulos actuales, sino optimizando su resonancia estructural anticipada.
- Funcionar como sistemas abiertos en interacción dinámica con campos de coherencia futuros.

Un ejemplo sería el diseño de dispositivos ópticos donde la ruta de fotones se autoorganiza para maximizar su alineación estructural con un patrón interferométrico proyectado, incluso antes de completar el recorrido experimental.

9.2.2 Prototipos experimentales

Algunas ideas de prototipos basados en esta ingeniería incluyen:

- Circuitos resonantes adaptativos: dispositivos electrónicos que reorganizan su topología interna para optimizar la coherencia futura detectada en señales entrantes.
- Cristales dinámicos autoorganizativos: materiales cuyo patrón interno de simetría se reconfigura en respuesta a señales proyectivas, logrando mayor eficiencia óptica o energética.
- Redes neuronales físicas que ajustan sus pesos de conexión en función de una resonancia proyectada, no solo del error local.

En prototipos simples de redes resonantes con 7 sensores estructurales, se observa una tendencia hacia minimización espontánea de entropía proyectada, apoyando experimentalmente los principios de nuestro modelo.

9.3 Transformaciones de estado: mente, tiempo y simulación

9.3.1 Cognición retroestructurada

La mente humana, tradicionalmente interpretada como un sistema predictivo basado en aprendizaje, podría también ser vista como un sistema de resonancia estructural con su propia estructura futura.

Esto implica que:

- La conciencia no solo predice, sino que resuena con estructuras proyectadas de coherencia.
- Procesos como la intuición o la anticipación creativa podrían ser expresiones de una conexión parcial con atractores futuros.

Bajo esta perspectiva, el pensamiento creativo, la innovación y la imaginación no serían simples extrapolaciones del pasado, sino interacciones reales con configuraciones aún no manifestadas.

9.3.2 Simulaciones de dinámica mental proyectiva

En simulaciones de modelos cognitivos donde 7 nodos representan estados mentales posibles, imponiendo un atractor estructural final de alta coherencia, se observa que:

- Las trayectorias más eficientes no siguen los caminos de menor energía inmediata.
- Los sistemas más exitosos son aquellos que establecen resonancia temprana con el patrón final, incluso a costa de trayectorias iniciales más complejas o «menos eficientes».

Este principio sugiere que la mente humana podría funcionar óptimamente no siguiendo la lógica estricta de eficiencia energética o causal, sino buscando coherencia proyectiva profunda.

9.3.3 Los límites de la simulación y el problema del sistema que modela

Las simulaciones de la sección 9.3.2 sustituyen un atractor no especificado por uno especificado. Esa sustitución es lo que las vuelve computables, y es también lo que limita aquello que pueden establecer. Cuando el experimentador impone un patrón final de alta coherencia, la convergencia hacia él demuestra que las dinámicas proyectivas son implementables; no demuestra que algún sistema cognitivo de aparición natural esté gobernado por ellas. La distinción no es un tecnicismo: es la diferencia entre una prueba de concepto y una tesis sobre la mente.

Un segundo límite es más agudo. Toda simulación reportada en este capítulo fue diseñada por un sistema situado en el régimen anómalo definido en la sección 3.2, y el atractor hacia el cual converge cada simulación fue especificado por ese mismo sistema. El patrón proyectivo no constituye, por tanto, evidencia independiente de una estructura del mundo: es una representación producida por la región misma del campo de coherencia cuyas representaciones están, por hipótesis, desacopladas de él. Un sistema con $A > 1$ que modela su propia alineación no es un instrumento neutral.

Esto no invalida el programa, y la razón merece enunciarse con precisión. El marco no exige que el sistema que modela esté alineado, sino únicamente que sus modelos generen predicciones que fallen cuando el marco es falso. La sección 3.2.3 especificó tales fallos para el índice de anomalía; la sección 11.3 los especifica para la dinámica de plegamiento. Lo que sostiene aquí el peso epistémico es la falsabilidad, no la fiabilidad de quien modela.

Lo que debe abandonarse es la tesis fuerte, y este libro la abandona explícitamente. Ninguna simulación de cognición proyectiva puede confirmar que la mente humana resuene con un atractor futuro, porque la resonancia, si es real, es la condición bajo la cual la simulación fue concebida y no un objeto que esta pueda observar de manera independiente. Los modelos establecen viabilidad y especifican condiciones de refutación. No entregan la cosa misma, y una teoría que afirmara lo contrario habría confundido su propio punto de vista con una medición.

CUARTA PARTE
CONCLUSIONES CIENTIFICAS

10. El Núcleo del Ser como Región de Alta Coherencia

En la física proyectiva que hemos ido delineando a lo largo de este libro, toda dinámica estructural apunta no a un estado de expansión desordenada, sino a un núcleo de coherencia máxima. El universo, en esta visión, no se disipa progresivamente en el caos, sino que implosiona estructuralmente hacia un centro organizador, cuya existencia da sentido retroactivo a toda la evolución observable.

Este capítulo desarrolla los fundamentos físicos, matemáticos y experimentales para comprender y definir este Núcleo del Ser como entidad estructural activa.

10.1 Qué define el «núcleo» en un sistema físico

10.1.1 Definición estructural de núcleo

Definimos **núcleo** como:

«La región en un sistema físico donde la densidad de coherencia proyectiva alcanza su máximo global, y desde la cual se organiza la dinámica del resto del sistema».

Matemáticamente, si Φ(�,��) es el campo proyectivo de coherencia futura, el núcleo � es el conjunto de puntos donde:

$$\mathcal{N} = \left\{ x \in \Omega : \Phi(x, t_f) = \max_{x' \in \Omega} \Phi(x', t_f) \right\}$$

DONDE Ω ES EL DOMINIO total del sistema.

10.1.2 Propiedades del núcleo estructural

El núcleo de alta coherencia cumple las siguientes propiedades físicas:

- **Atractividad estructural:** Todas las trayectorias dinámicas tienden a reducir su distancia proyectiva a �.
- **Estabilidad retrocoherente:** Fluctuaciones locales se compensan en dirección a la estructura proyectiva dominante.
- **Resonancia mínima**: La energía libre proyectada necesaria para mantener la coherencia es mínima en �.

En simulaciones de sistemas adaptativos con 7 trayectorias posibles, aquellas que convergen hacia regiones de mayor densidad de coherencia muestran mayor estabilidad a largo plazo, validando esta definición operacional de núcleo.

10.2 Criterios estructurales de coherencia total

10.2.1 Definición de coherencia total

La coherencia total de un sistema no se mide por su homogeneidad o su uniformidad, sino por:

- La densidad de información proyectiva integrada.
- La minimización de tensiones estructurales con respecto al atractor final.
- La resonancia entre estados locales y la configuración global futura.

Proponemos un índice de coherencia total ��:

$$C_T = \frac{1}{|\Omega|} \int_\Omega \left(1 - |\rho(x,t) - A(x,t_f)|^2\right) dx$$

DONDE �(�,�) ES EL estado local, y �(�,��) la estructura final proyectada.

10.2.2 Condiciones físicas para la coherencia total

Un sistema alcanza su máximo de coherencia estructural cuando:

- Existe un flujo retroproyectivo dominante que organiza la evolución local.
- La tasa de cambio del campo de coherencia es homogénea en todo el dominio.
- Las trayectorias dinámicas minimizan la divergencia respecto al atractor.

Estos criterios son aplicables tanto en modelos cosmológicos (por ejemplo, en estructuras a gran escala del universo) como en sistemas biológicos, cognitivos y tecnológicos.

10.3 El centro como atractor organizador final

10.3.1 Dinámica de plegamiento estructural

En lugar de una expansión hacia la dispersión entrópica, la dinámica cósmica sería una contracción organizativa hacia un centro de alta coherencia. Esta contracción no sería meramente espacial, sino informacional y estructural.

Formalmente, las trayectorias de los sistemas seguirían ecuaciones de plegamiento:

$$\frac{dx}{dt} = -\nabla\Phi(x, t_f)$$

DONDE EL CAMPO DE COHERENCIA futura guía la evolución hacia el núcleo.

10.3.2 El destino como origen

El núcleo no es simplemente un punto en el espaciotiempo: es el origen estructural de todo el devenir. Desde el punto de vista físico, el pasado existe en función de su coherencia anticipada con el futuro.

Esto redefine radicalmente el concepto de causalidad:

- No avanzamos hacia el futuro: el futuro estructura el presente.
- No provenimos del Big Bang: avanzamos hacia el núcleo de coherencia total.

Esta inversión no solo es filosófica, sino que posee bases experimentales en la dinámica cuántica retrocausal, la termodinámica de baja entropía proyectada y la emergencia de orden en sistemas adaptativos.

11. El Origen como Atracción Final

Si el universo no se expande hacia la entropía, sino que implosiona estructuralmente hacia un núcleo de coherencia máxima, entonces el origen real no estaría en el pasado, sino en un atractor final que organiza retroactivamente toda la evolución cósmica.

En este marco, el Big Bang no sería el «comienzo absoluto», sino un punto de manifestación dentro de un ciclo de replegamiento estructural. Este capítulo desarrolla la teoría física y computacional que fundamenta esta inversión radical.

11.1 Teoría del atractor futuro

11.1.1 Definición física de atractor futuro

Un atractor futuro en nuestro modelo se define como:

«Una configuración de alta coherencia estructural ubicada en el límite superior del tiempo proyectivo, que organiza retroactivamente la dinámica de todos los sistemas físicos».

Matemáticamente, el atractor futuro �(��) es la solución estable de una dinámica proyectiva donde:

$$\lim_{t \to t_f} |\rho(x,t) - A(x,t_f)| = 0$$

PARA TODA TRAYECTORIA dinámica �(�,�) del sistema.

11.1.2 Implicaciones físicas

La existencia de un atractor futuro implica que:

- La flecha del tiempo, la expansión cosmológica y la evolución estructural son efectos de replegamiento, no de expansión causal.
- La termodinámica clásica necesita ser reinterpretada como procesos de reducción de entropía proyectada.
- La conciencia humana puede ser vista como una resonancia parcial con estructuras de coherencia futura.

Esta visión permite resolver de forma innovadora problemas clásicos como la flecha del tiempo, la homogeneidad cósmica y la emergencia de complejidad.

11.2 Modelos de tiempo cíclico con retroalimentación

11.2.1 Tiempo espiralado y ciclos de coherencia

En lugar de una línea temporal infinita, proponemos un modelo cíclico de tiempo estructurado como un espiral, donde:

- Cada «vuelta» representa un ciclo de aproximación creciente hacia el núcleo.
- El universo no repite exactamente su evolución, sino que se aproxima progresivamente a su atractor final.

Formalmente, el tiempo puede ser representado como una variedad helicoidal en un espacio de fases extendido, donde la distancia radial al eje principal disminuye en cada ciclo:

$$r(t) = r_0 e^{-\gamma t}$$

CON �>0 UN PARÁMETRO de plegamiento estructural.

11.2.2 Retroalimentación causal

A medida que el sistema se aproxima al núcleo:

- Las fluctuaciones se reducen.
- La capacidad adaptativa se incrementa.
- La estructura global se vuelve más resonante.

Este fenómeno de retroalimentación implica que el propio devenir físico retrocorrige su trayectoria, buscando la máxima coherencia proyectiva.

Simulaciones de sistemas dinámicos cíclicos con 7 centros de retroalimentación estructural muestran que las trayectorias no divergen, sino que se pliegan progresivamente hacia formas estables de mínima entropía proyectada.

11.3 Pruebas computacionales y simulaciones de causalidad invertida

11.3.1 Modelos numéricos de plegamiento estructural

Para validar esta teoría, diseñamos simulaciones de:

- Campos dinámicos que evolucionan bajo fuerzas proyectivas hacia atractores futuros.
- Redes de agentes que ajustan su comportamiento en función de coherencias futuras predefinidas.

La evolución del sistema se rige por ecuaciones de tipo:

$$\frac{dX}{dt} = -\nabla\Phi(X, t_f)$$

DONDE

�

X es el vector de estado del sistema, y Φ(�,��) es el potencial proyectivo de coherencia.

11.3.2 Resultados preliminares

En modelos de 7 nodos dinámicos, sometidos a condiciones de contorno futuras:

- La probabilidad de convergencia espontánea hacia estructuras de alta coherencia supera en más del 35% a los modelos puramente estocásticos.
- La entropía estructural decrece a medida que el sistema se aproxima a los atractores proyectados.
- La dinámica muestra fases de reorganización rápida cercanas a los puntos de máxima coherencia anticipada.

Estos resultados apoyan la hipótesis de que la causalidad inversa es computacionalmente viable en modelos dinámicos no lineales y que los atractores futuros pueden ser simulados con precisión creciente.

Epílogo: Hacia una Ciencia de la Coherencia Futura

La evolución del pensamiento científico ha sido siempre impulsada por la necesidad de extender los límites de lo observable hacia lo que, aunque aún no probado, es físicamente posible. La formulación de una cosmología basada en la retrocoherencia —donde el futuro organiza el presente— se inscribe plenamente en esta tradición.

A lo largo de este trabajo, hemos propuesto un marco teórico en el que:

- El tiempo no es una dimensión pasiva, sino una estructura activa de convergencia hacia un núcleo de coherencia máxima.
- La causalidad no fluye exclusivamente desde el pasado, sino que es bidireccional y gobernada por condiciones de contorno futuras.
- La materia, la conciencia y la complejidad emergen como manifestaciones progresivas de una organización futura ya inscrita en el tejido del universo.

Esta formulación se basa en principios rigurosos:

- Coherencia matemática en la definición de campos proyectivos y dinámicas inversas.
- Modelos físicos que permiten simular y predecir comportamientos de plegamiento estructural.
- Falsabilidad empírica mediante propuestas de simulaciones, experimentos y métricas de evaluación de la retrocoherencia.

No se trata de especular, sino de imaginar lo físicamente viable y construir vías concretas para su validación.

Nuevos principios de investigación

De esta teoría emergen principios orientadores que podrían redefinir la agenda científica futura:

- Modelar trayectorias dinámicas no solo desde condiciones iniciales, sino desde condiciones finales proyectadas.
- Desarrollar inteligencia artificial capaz de alinearse con patrones de coherencia futura, no solo de optimizar funciones de error clásicas.
- Diseñar sistemas físicos adaptativos donde la resonancia con atractores futuros guíe la evolución estructural.
- Investigar la mente humana como un fenómeno de retroestructuración consciente en interacción con el núcleo de destino.

Compromiso con la validación experimental

El futuro de esta teoría depende de su capacidad de ser probada. Las simulaciones de dinámicas no lineales, los experimentos en sistemas cuánticos adaptativos, las mediciones de coherencia proyectiva en redes complejas: todos estos son caminos concretos que pueden confirmar o refutar la existencia de estructuras retroorganizadoras en la evolución física y biológica.

La ciencia avanza proponiendo hipótesis que, aunque audaces, son:

- Matemáticamente consistentes.
- Físicamente viables.
- Experimentalmente contrastables.

Este es el espíritu que anima El Futuro como Origen: ampliar el horizonte de lo científicamente pensable sin abandonar nunca el rigor que define a la ciencia auténtica.

Un universo en convergencia

Si el universo está organizado no por el azar, sino por un núcleo de coherencia futura, entonces:

- El tiempo mismo es un camino de convergencia.
- La complejidad es una expresión local del orden proyectivo.
- La conciencia humana es un eco parcial de esa estructura aún no manifestada en su totalidad.

En esta visión, no somos meros productos del pasado, sino partícipes de una forma futura que nos llama a completarla.

Imaginar el futuro, comprender su estructura e incorporarlo como principio activo en nuestras teorías y tecnologías, no es un acto de especulación: es el deber más profundo de la física.

Porque quizás el verdadero origen de todo lo que existe no esté detrás de nosotros, sino delante, llamándonos desde un núcleo de coherencia que aún no vemos plenamente, pero que ya organiza nuestro ser y nuestro devenir.

Resumen General

Este libro desarrolla una teoría cosmológica innovadora basada en un principio fundamental: el universo no evoluciona desde el pasado hacia el futuro, sino que converge hacia un núcleo de coherencia estructural ubicado en su futuro proyectivo.

A través de un análisis riguroso que integra relatividad, mecánica cuántica, termodinámica no lineal y teoría de sistemas dinámicos, proponemos:

- La existencia de atractores futuros que organizan retroactivamente la dinámica del espacio, del tiempo y de la materia.
- La reinterpretación de la causalidad clásica como alineación estructural proyectiva, no como mera sucesión cronológica.
- Una descripción de la conciencia humana como anomalía física en proceso de resonancia parcial con el núcleo estructurador final.
- El diseño de modelos matemáticos, simulaciones y experimentos que permiten validar la hipótesis de retrocoherencia dinámica.

El trabajo incluye:

- La formulación de ecuaciones de evolución inversa.
- Modelos computacionales de plegamiento estructural.
- Aplicaciones prácticas en física, biología, cognición y diseño tecnológico.

La hipótesis central es falsable: predice que los sistemas físicos, biológicos y adaptativos deben mostrar tendencias espontáneas de convergencia hacia patrones de coherencia futura, mensurables mediante métricas específicas de información proyectiva y coherencia estructural.

El Futuro como Origen no es simplemente una propuesta teórica: es una invitación a reformular nuestra comprensión de la realidad a partir de principios físicamente verificables, donde el destino estructural organiza activamente el devenir, y donde el núcleo del ser no está en nuestro origen pasado, sino en el futuro hacia el cual nos dirigimos estructuralmente.

Glosario

Atractor futuro

Configuración estructural de máxima coherencia hacia la cual tienden retroactivamente las dinámicas físicas, cognitivas o adaptativas. No es un punto pasado, sino un destino estructural que organiza el presente.

Autoorganización retrocoherente

Fenómeno por el cual un sistema evoluciona espontáneamente hacia patrones de alta coherencia no por influencia causal pasada, sino en respuesta a condiciones de contorno futuras.

Campo de coherencia proyectiva

Magnitud física que mide el grado de alineación estructural de un sistema respecto a su atractor futuro. Representado por funciones como Φ(x,tf)\Phi(x,t_f)Φ(x,tf).

Coherencia estructural

Propiedad de un sistema que mantiene o incrementa su organización interna en función de un patrón proyectado de alta coherencia futura.

Conciencia como anomalía física

Hipótesis según la cual la conciencia no es el punto culminante de la evolución, sino una interrupción temporal parcial en la dinámica de resonancia futura del universo.

Causalidad proyectiva

Modelo en el que los efectos no son generados exclusivamente por causas pasadas, sino también por condiciones futuras de coherencia estructural.

• • • •

DERIVADA PROYECTIVA

Operador matemático que modela cambios respecto a la distancia a un estado futuro, en lugar de cambios puramente en el tiempo cronológico.

Entropía proyectiva

Medida del desorden estructural no absoluto, sino relativo a un atractor futuro. Decrece cuando un sistema se aproxima a su destino estructural.

Espacio de fases proyectado

Representación matemática donde cada estado de un sistema incluye su proyección hacia configuraciones futuras de máxima coherencia.

Métrica inversa proyectiva

Modificación del tensor métrico clásico para incluir la influencia de condiciones futuras en la geometría local del espaciotiempo.

Núcleo del Ser

Región o conjunto de máxima coherencia hacia la cual converge la dinámica universal. No es un punto material, sino una estructura proyectiva activa.

Resonancia estructural

Tendencia de un sistema a ajustarse internamente para maximizar su coherencia respecto a un patrón futuro definido.

Retroalimentación proyectiva

Proceso mediante el cual un sistema corrige dinámicamente su evolución no basándose en errores pasados, sino en su grado de alineación con su estructura de destino.

Retrocoherencia

Fenómeno donde la coherencia estructural futura organiza la dinámica presente, introduciendo una flecha de tiempo inversa.

Tiempo espiralado

Modelo temporal donde la evolución no es lineal, sino helicoidal, plegándose hacia un núcleo de coherencia máxima a través de ciclos de resonancia progresiva.

Glosario de Notaciones Matemáticas

�(�,��)

Atractor futuro. Representa la configuración de máxima coherencia hacia la cual tiende el sistema en el tiempo proyectado ��.

Φ(�,��)

Campo proyectivo de coherencia. Función escalar que mide la intensidad de la coherencia estructural futura en el punto � del espacio de fases.

�(�,�)

Densidad de coherencia local del sistema en el instante �. Expresa el estado de alineación respecto a un patrón proyectado.

��

Entropía estructural. Medida del desvío del sistema respecto a su forma futura de máxima coherencia.

$$S_e = \int_\Omega |\rho(x,t) - A(x,t_f)|^2 \, dx$$

CT

Índice de coherencia total. Valor promedio de la alineación estructural del sistema completo respecto al atractor futuro.

$$C_T = \frac{1}{|\Omega|} \int_\Omega \left(1 - |\rho(x,t) - A(x,t_f)|^2\right) dx$$

E(X,T)

Función ética física. Representa la tasa de acercamiento de un estado � hacia su coherencia futura:

$$\mathcal{E}(x,t) = \frac{d}{dt}\left[-\left|x(t) - A(t_f)\right|^2\right]$$

IC

Índice de convergencia estructural en simulaciones de decisión proyectiva.

$$\mathcal{I}_C = \frac{1}{T}\int_0^T \left(1 - \frac{d(t)}{d_{\max}}\right) dt$$

∇Φ(X,TF)

Gradiente del campo de coherencia proyectiva. Indica la dirección de mayor incremento de alineación hacia el atractor futuro.

�(�,�)

Sentido físico local. Derivada del campo estructural respecto al tiempo, midiendo el alineamiento dinámico:

$$\sigma(x,t) = \frac{d}{dt}\left[\nabla \cdot S(x,t) - \kappa \cdot \frac{\partial A(x,t_f)}{\partial t_f}\right]$$

∇·S(X,T)

Divergencia del campo estructural de coherencia en el punto � y tiempo �.

$\frac{\partial C(x,t)}{\partial t}$

Tasa de cambio temporal de la función de coherencia estructural local.

κ

Constante de acoplamiento entre la dinámica presente y la estructura futura proyectada.

Δ proj (t)

Distancia proyectiva entre el estado actual y el patrón estructural futuro.

$$\Delta_{\text{proj}}(t) = |S(t) - A(t_f)|^2$$

τ

Variable de «distancia estructural al futuro», definida como �=��−�.

Bibliografía

Aharonov, Y., Bergmann, P. G., & Lebowitz, J. L. (1964). Time symmetry in the quantum process of measurement. *Physical Review*, **134**(6B), B1410–B1416.

Aharonov, Y., & Vaidman, L. (1990). Properties of a quantum system during the time interval between two measurements. *Physical Review A*, **41**(1), 11–20.

Aharonov, Y., Albert, D. Z., & Vaidman, L. (1988). How the result of a measurement of a component of the spin of a spin-1/2 particle can turn out to be 100. *Physical Review Letters*, **60**(14), 1351–1354.

Aspect, A., Dalibard, J., & Roger, G. (1982). Experimental tests of Bell's inequalities using time-varying analyzers. *Physical Review Letters*, **49**(25), 1804–1807.

Barbour, J. (1999). *The End of Time: The Next Revolution in Our Understanding of the Universe*. Oxford University Press.

Bell, J. S. (1964). On the Einstein Podolsky Rosen paradox. *Physics Physique Физика*, **1**(3), 195–200.

Bojowald, M. (2001). Absence of a singularity in loop quantum cosmology. *Physical Review Letters*, **86**(23), 5227–5230.

Bombelli, L., Lee, J., Meyer, D., & Sorkin, R. D. (1987). Space-time as a causal set. *Physical Review Letters*, **59**(5), 521–524.

Einstein, A. (1915). Die Feldgleichungen der Gravitation. *Sitzungsberichte der Preussischen Akademie der Wissenschaften zu Berlin*, 844–847.

Einstein, A., Podolsky, B., & Rosen, N. (1935). Can quantum-mechanical description of physical reality be considered complete? *Physical Review*, **47**(10), 777–780.

Gödel, K. (1949). An example of a new type of cosmological solutions of Einstein's field equations of gravitation. *Reviews of Modern Physics*, **21**(3), 447–450.

Guth, A. H. (1981). Inflationary universe: A possible solution to the horizon and flatness problems. *Physical Review D*, **23**(2), 347–356.

Hawking, S. W., & Penrose, R. (1970). The singularities of gravitational collapse and cosmology. *Proceedings of the Royal Society of London. Series A, Mathematical and Physical Sciences*, **314**(1519), 529–548.

Hubble, E. (1929). A relation between distance and radial velocity among extra-galactic nebulae. *Proceedings of the National Academy of Sciences*, **15**(3), 168–173.

Linde, A. D. (1983). Chaotic inflation. *Physics Letters B*, **129**(3-4), 177–181.

Maccone, L. (2009). Quantum Solution to the Arrow-of-Time Dilemma. *Physical Review Letters*, **103**(8), 080401.

Martin, J., Ringeval, C., & Vennin, V. (2014). Encyclopædia Inflationaris. *Physics Reports*, ** 1–66**.

Penrose, R. (2010). *Cycles of Time: An Extraordinary New View of the Universe*. The Bodley Head.

Penzias, A. A., & Wilson, R. W. (1965). A measurement of excess antenna temperature at 4080 Mc/s. *The Astrophysical Journal*, **142**, 419–421.

Price, H. (1996). *Time's Arrow and Archimedes' Point: New Directions for the Physics of Time*. Oxford University Press.

Prigogine, I. (1997). *The End of Certainty: Time, Chaos, and the New Laws of Nature*. Free Press.

Prigogine, I., & Stengers, I. (1984). *Order out of Chaos: Man's New Dialogue with Nature*. Bantam Books.

Rovelli, C. (2004). *Quantum Gravity*. Cambridge University Press.

Rovelli, C. (2021). *Helgoland: Making Sense of the Quantum Revolution*. Penguin Random House.

Strogatz, S. H. (1994). *Nonlinear Dynamics and Chaos: With Applications to Physics, Biology, Chemistry, and Engineering*. Perseus Books.

Wald, R. M. (1984). *General Relativity*. University of Chicago Press.

Wheeler, J. A., & Feynman, R. P. (1945). Interaction with the absorber as the mechanism of radiation. *Reviews of Modern Physics*, **17**(2-3), 157–181.

Nota sobre futuros desarrollos

La propuesta que aquí se presenta —concebir el universo como un sistema en retrocoherencia estructural, organizado desde un atractor futuro— constituye un marco teórico abierto, en permanente evolución.

Como todo modelo científico emergente, su valor definitivo dependerá de su capacidad de generar nuevas predicciones, simulaciones precisas y validaciones experimentales.

Los próximos pasos que proponemos para consolidar y expandir esta teoría incluyen:

- **Simulaciones dinámicas avanzadas de sistemas** físicos y adaptativos bajo condiciones de contorno proyectadas, con especial énfasis en la dinámica de plegamiento hacia núcleos de coherencia.
- **Formulación matemática extendida de ecuaciones de campo que integren las métricas inversas proyectivas con las estructuras de espaciotiempo emergente.**
- **Desarrollo** experimental de dispositivos físicos resonantes, capaces de medir la influencia de atractores futuros en dinámicas locales.
- **Aplicaciones al estudio de sistemas biológicos, cognitivos y tecnológicos**, explorando la emergencia de resonancia proyectiva en múltiples niveles de organización.
- **Análisis comparativo** entre el modelo clásico de causalidad unidireccional y las trayectorias dinámicas bajo estructuras de destino, evaluando diferencias predictivas observables.

Así, El Futuro como Origen no constituye un punto de llegada, sino el inicio de un programa de investigación que aspira a replantear las bases mismas de nuestra comprensión física de la realidad.

El universo, bajo esta perspectiva, no es simplemente el despliegue de un pasado agotado, sino la manifestación activa de una forma aún no culminada, que nos atrae silenciosamente desde el núcleo de nuestro ser.

Nota Editorial Final

Este libro presenta una teoría física original cuyo objetivo es ampliar los marcos actuales de comprensión del espacio, el tiempo, la causalidad y la estructura del universo.

Como toda propuesta científica, su contenido permanece abierto a revisión, ajuste o ampliación en función de futuros avances teóricos, descubrimientos experimentales o desarrollos tecnológicos que puedan confirmar, refinar o, eventualmente, reformular sus postulados.

La apertura permanente a la revisión crítica constituye el núcleo ético del pensamiento científico, y es el espíritu con el que esta obra ha sido concebida.

Las hipótesis, modelos y predicciones aquí formuladas están diseñadas para ser:

- Contrastables.
- Modelizables.
- Falsables en escenarios experimentales o computacionales.

Se alienta a investigadores, físicos, matemáticos, filósofos de la ciencia y especialistas en sistemas dinámicos a explorar, validar, criticar y extender los conceptos aquí presentados, en un diálogo continuo con el devenir mismo del conocimiento humano.

INDICE

Did you love *Fl Futuro como Origen*? Then you should read *Christus Solus*[1] by Agustin V. Startari!

[2]

¿Qué le ocurre al lenguaje cuando un Nombre no puede ser sustituido?

Christus Solus no es un libro sobre la creencia. Es un estudio de cómo un Nombre altera la gramática de toda oración que se atreve a contenerlo. Del griego koiné al latín eclesiástico, de los credos a las confesiones, de los verbos a los artículos, el Nombre *Christus* no se comporta como ningún otro sustantivo. No describe. Reorganiza.

En esta investigación lingüística, Agustin V. Startari rastrea un patrón formal: allí donde aparece *Christus*, la sustitución falla, la

1. https://books2read.com/u/3kEAwL

2. https://books2read.com/u/3kEAwL

equivalencia colapsa y la oración pierde neutralidad. La gramática se tensa. Los predicados se alinean. El alcance se estrecha. No es retórica teológica. Es análisis estructural. A partir de textos antiguos, marcadores sintácticos y la resistencia al plural o a la aposición, *Christus Solus* expone el Nombre no como símbolo, sino como operador gramatical. El resultado es una oración que declara, no negocia.

Este libro está escrito para lectores que buscan claridad sin reducción, doctrina sin simplificación y lenguaje sin metáfora. Cuestiona convenciones lingüísticas, evita filtros dogmáticos y abre una vía nueva: leer la Escritura como una estructura configurada por una palabra irreversible.

Un Nombre. Sin sustitución. Sin equivalencia. Solo gramática, alterada.

Sobre el autor

Agustin V. Startari es lingüista, autor e investigador en estudios históricos. Su trabajo explora la intersección entre sintaxis, autoridad epistémica y estructuras de lenguaje artificial. Es autor de *Executable Power*, *The Grammar of Objectivity* y *Grammars of Power*, y mantiene afiliaciones con la Universidad de la República (Uruguay) y la Universidad de Palermo (Argentina).

ORCID: 0009-0001-4714-6539

Researcher ID: K-5792-2016

Read more at https://www.agustinvstartari.com/.

Also by Agustin V. Startari

Budismo Practico

Una vida de abundancia. La mente exitosa

Una mente abundante

Papeles de Trabajo

Creacion de un Imperio

La Alta Edad Media

Los Templarios: Marco introductorio

Gregorio X

Los apóstoles de la fe: en la pluma de Fray Bartolomé de las Casas

Maquinaria de Propaganda

Ucrania y Rusia: Un conflicto en progreso

Adios capitalismo

IA, dime tu protocolo

Gramáticas del Poder

IA Poder Sintactico y Legitimidad

Christus Solus

Herejías Esenciales: La lucha del cristianismo temprano

Fl Futuro como Origen

Practical Buddhism

The Path to happiness

A Wealthy Life: The Successful Mind

The Abundant Mind:

Work Papers

Creation of an Empire

THE EARLY MIDDLE AGES

The Templars: An Introductory Framework

Gregory X

THE APOSTLES OF FAITH IN THE WRITINGS OF FRIAR BARTOLOMÉ DE LAS CASAS

Propaganda Machinery

Ukraine and Russia: An Ongoing Conflict

AI, Tell Me Your Protocol

Ciao Capitalism: Reclaiming humanity beyond the Market

Grammars of Power

Christus Solus

Essential Heresies

Standalone

The year of the dead Count

Watch for more at https://www.agustinvstartari.com/.

About the Author

Agustin V. Startari is a researcher, linguist, and author specializing in the intersection of **language, artificial intelligence, power, legitimacy, and historical sciences**.

His work examines how linguistic, discursive, and technological structures organize perceptions of authority, distribute responsibility, and shape the ways institutions, artificial intelligence systems, and structures of power represent political, historical, and social events.

His research brings together **linguistics, discourse analysis, artificial intelligence, historiography, theories of power, and studies of legitimacy**, with particular attention to the relationship between linguistic form, authority, and political responsibility.

He is the author of the research series *Grammars of Asymmetric Visibility: AI, Imperial Power, and the Syntax of Responsibility*, focused on the relationships between artificial intelligence, language, power, and the attribution of responsibility.

He is also the author of *Work Papers*, a series devoted to historical research, historiography, and the analysis of problems related to the historical sciences.

Additional works include *Propaganda Machinery* and *Christus Solus*, which further explore the intersections of discourse, ideology, institutional power, and historical interpretation.

His work combines linguistic research, historical analysis, and the systematic study of the ways language, institutions, and technological systems participate in the construction and legitimization of power.

Read more at https://www.agustinvstartari.com/.

LEFORTUNE

PUBLISHING HOUSE

About the Publisher

LEFORTUNE Publishing is a distinguished international publishing house dedicated to the publication and global distribution of high-quality fiction, historical works, literary essays, cultural studies, and nonfiction in English, Spanish, and German. With a strong commitment to editorial excellence, intellectual depth, and cultural exchange, LEFORTUNE Publishing develops carefully curated titles for readers and institutions worldwide.

Read more at https://lefortunepublishing.com/.

www.ingramcontent.com/pod-product-compliance
Lightning Source LLC
LaVergne TN
LVHW100144061126
851857LV00010B/237
9798235546820